VÉRITABLE THÉORIE

DE

L'ART DU TAILLEUR

MÉTHODE SIMPLE ET FACILE

REPRODUISANT

LES DIVERSES TENUES & CONFORMATIONS,

SUIVIE

DE FORMULES POUR TOUTE ESPÈCE DE LETTRES

d'usage du commerce de tailleur,

PAR J. CHAMBON,

Professeur de Coupe.

Par le moyen de cet ouvrage qui renferme une quantité de modèles et plans géométriques ainsi que les explications nécessaires, on peut apprendre soi-même à couper par principes avec précision.

PRIX : CHEZ L'AUTEUR. . 3 FR.

ID. EXPÉDIÉ *(franco)*. 4 »

PARIS.

CHEZ L'AUTEUR, Rue Saint-Honoré, N° 127.

Paris. Typ. Jules-Juteau, rue Saint-Denis, 341.

1856

Habit ou Redingote.

PRINCIPE DE RÉDUCTION BASÉ SUR LA GROSSEUR DE POITRINE.

Mesures simples.

Les mesures qu'on emploie sont très simples; la manière de les prendre est représentée à la page 16. La mesure de grosseur de poitrine sur laquelle on se base pour les proportions doit être prise en dessous du vêtement et juste.

Explications du tracé.

Dos, fig. 1.

Tracez une ligne horizontale et une verticale formant un angle droit B A C; à partir du sommet, marquez la moitié de la mesure de grosseur de poitrine A B; marquez encore la moitié de la mesure de grosseur A C, divisez par moitié, par quart, huitième et seizième; menez des parallèles aux points qui forment le montant et la lageur d'écarrure, appliquez ensuite les mesures de longueur de la taille et de la basque.

Devant, fig. 2.

Tracez deux lignes formant un angle droit C A E ; à partir du sommet, marquez la moitié de la mesure de grosseur de poitrine A B, marquez la mesure totale A C, marquez encore la moitié de la mesure de grosseur A D, ajoutez le quart de la mesure de grosseur D E, menez des parallèles aux points marqués, divisez par moitié, par quart et huitième, afin d'obtenir les points de l'encolure, de l'épaulette et du côté, ressortez au côté, à l'endroit de l'omoplate, la valeur de ce que vous rentrez en creusant le côté du dos; en traçant le haut de l'épaulette, sortez 1 centimètre en dehors de la ligne, après avoir tracé, réglez la longueur du côté dans le bas au moyen du dos, réglez également la largeur du bas au moyen de la mesure de grosseur de ceinture, en ayant soin de laisser en plus environ 2 centimètres.

Le modèle ainsi tracé d'après la mesure de grosseur de poitrine prise juste, se trouve avoir la largeur qu'il faut en plus pour les coutures, les garnitures, et pour la facilité du mouvement de dilatation de la poitrine.

Manière de procéder par un calcul très simple (1).

Dos, fig. 3.

Supposons que vous vouliez couper d'après nne mesure de grosseur (de poitrine) quelconque, la grosseur moyenne de 48 centimètres, par exemple :

Tirez une ligne droite et marquez le quart de la mesure de grosseur 12 centimètres, ajoutez le quart de 12 qui fait 3, mettez pour la largeur du haut le huitième de la mesure de grosseur 6, et pour le bas de la taille 1 centimètre de moins 5, marquez la largeur d'écarrure avec la mesure prise, ou mettez 1 centimètre et demi de plus que le quart et demi de la mesure de grosseur 19 1/2.

Devant, fig. 4.

Tracez un angle droit, et marquez la moitié de la mesure de grosseur 24, marquez la mesure totale 48, marquez encore la moitié de la mesure de grosseur 24, ajoutez le quart de la mesure de grosseur 12, et menez des parallèles, mettez pour les points de l'épaulette et du côté le huitième de la mesure de grosseur 6, et pour celui de l'encolure le huitième et demi 9.

D'après ce principe, en appliquant toujours la moitié, le quart et le huitième de la mesure de grosseur de chaque personne, on peut créer des modèles depuis le plus petit jusqu'au plus grand.

---

(1) On remarquera que dans ma méthode j'ai eu soin d'éviter le calcul par tiers qui est toujours difficile à saisir, par conséquent long et ennuyeux à appliquer.

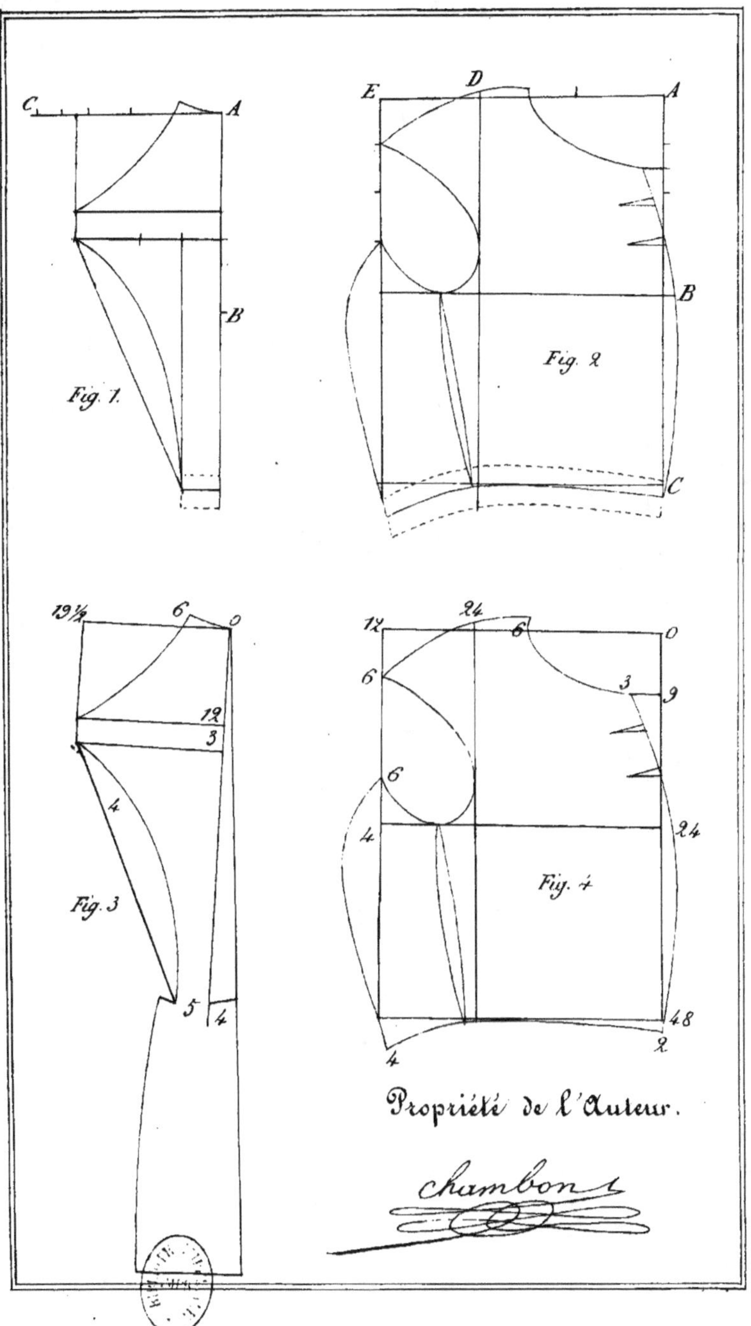

C
A
B
Fig. 1.
E
D
A
B
Fig. 2
C
19½
6
0
12
3
4
Fig. 3
5
4
12
24
6
0
6
3
9
6
6
24
4
Fig. 4
48
4
2
Propriété de l'Auteur.
Chambon

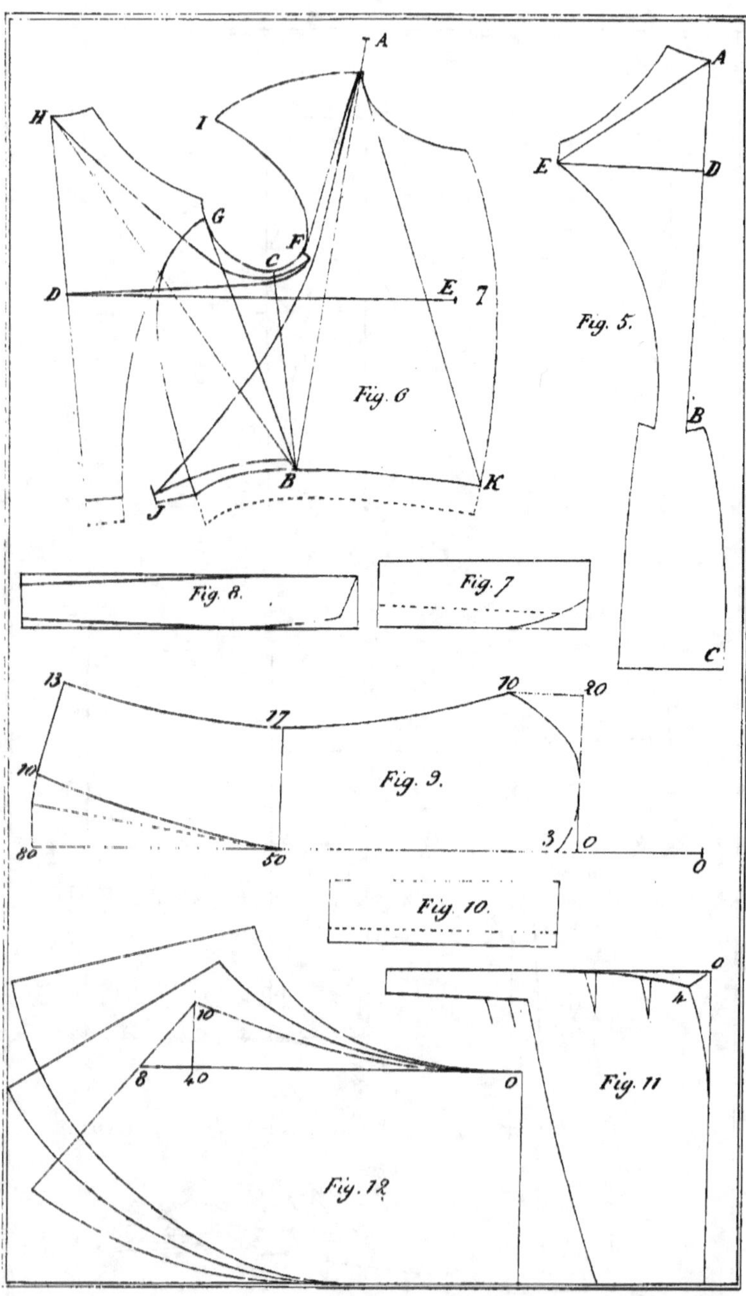
A
H
I
G
F
C
D
E 7
Fig. 6.
B
J
K
A
E
D
Fig. 5.
B
C
Fig. 8.
Fig. 7.
13
17
10
20
10
Fig. 9.
3
0
80
50
0
Fig. 10.
0
4
10
8
40
0
Fig. 11.
Fig. 12

Mesures complètes.

Après avoir tracé méthodiquement les modèles d'après la mesure de grosseur, si vous voulez vous pouvez appliquer des mesures supplémentaires, mais il ne faut pas oublier que les mesures compliquées exigent une grande habitude et toujours une extrême attention, car si elles ne sont pas bien prises avec précision (ce qui est très difficile, le moindre mouvement du client pouvant tout déranger), le vêtement peut se trouver manqué par l'aplomb sans pouvoir y porter remède; il vaut souvent mieux faire les rectifications que l'on juge nécessaires, en examinant le client ou à l'essayage, que de se fier sur des mesures qui pourraient être mal prises et faire gâter la pièce complètement.

La manière de prendre les mesures complètes est représentée à la page 17: pour prendre les mesures plus exactes, vous marquez avec de la craie des points à la hanche, à la longueur de la taille, à la hauteur du dos, et la largeur d'écarrure; aux personnes difformes qui ont un côté plus fort ou une épaule plus haute que l'autre, vous prenez mesure des deux côtés afin de pouvoir couper pour le droit et le gauche séparément.

Application des Mesures.

Dos, fig. 5.

Marquez la longueur de la taille A B, la longueur totale du vêtement A B C, la largeur d'écarrure D E, et le montant A E.

Devant, fig. 6.

Marquez la longueur du buste A B, le petit côté B C, la grosseur de poitrine D E, l'avancement d'épaule D F, la hauteur du côté B G, la hauteur du dos B H et F H, la grosseur d'épaule G C F I, la cambrure A J, la grosseur de ceinture J K, et la longueur du devant A K, réglez le point de départ de la hanche avec la mesure J B, et vérifiez les mesures B G, B H, F H. Pour les personnes difformes vous coupez toujours le côté droit et le côté gauche séparément, et vous faites en sorte de faire disparaître autant que possible les difformités, en garnissant de ouate les parties qui se trouvent faibles ou creuses.

Manche, fig. 9.

Marquez pour la largeur du haut, la moitié du tour de l'emmanchure (le dos compris) soit 20 centimètres; mettez pour l'abattement la moitié de la largeur du haut 10 centimètres; mettez aussi pour former le rond un demi-centimètre de plus que le quart de l'abattement 3 centimètres; tracez le rond du haut et appliquez la mesure du coude 50, et la longueur totale 80; rentrez dans le bas la moitié du haut 10 centimètres; marquez la largeur du bas 13, et celle du coude 17; si vous voulez, pour le haut de la manche, en place de marquer la moitié du tour de l'emmanchure vous pouvez mettre la largeur d'écarrure.

Basque, fig. 11.

Tracez deux lignes formant un angle droit, rentrez obliquement au sommet 4 centimètres; à partir de ce point réglez le haut au moyen de la longueur du suçon, à partir du même point réglez aussi la longueur de la basque au moyen de la basque du dos; pour le devant de la basque vous le tracez suivant la mode.

Jupe, fig. 12.

Tracez un angle droit et marquez la longueur du suçon soit 40 centimètres; à partir de ce point marquez le quart de 40 qui fait 10; à partir du même point mettez 2 centimètres de moins que le quart de 40 qui fait 8; en passant sur les deux derniers points marqués, tracez une ligne oblique qui formera le derrière de la jupe, réglez la longueur au moyen de la basque du dos, elle doit être 2 centimètres plus longue du derrière que du devant.

Des conformations et tenues.

Si vous voulez éviter la complication des mesures, vous avez soin de bien exa-
miner la conformation et la tenue des clients, puis vous opérez les changements
qui sont représentés à la page suivante. Vous remarquerez qu'il y a cinq tenues
différentes ; la tenue droite, la tenue voutée, la tenue renversée, la tenue cambrée et la tenue courbée ; tenue droite signifie un homme bien fait, tenue voutée
ou renversée signifie le haut du buste porté en avant ou en arrière, tenue cambrée ou courbée signifie le bas du buste porté aussi en avant ou en arrière. Il
y a des hommes qui se tiennent voutés ou renversés sans être ni cambrés ni
courbés, c'est-à-dire que le haut du buste est porté en avant ou en arrière, tandis que le bas reste droit. Il y a également des hommes qui se tiennent cambrés
ou courbés sans être voutés ni renversés, c'est-à-dire que le bas du buste est
porté en avant ou en arrière, tandis que le haut reste droit. Il y a aussi des
hommes qui se tiennent voutés ou renversés, et qui sont en même temps soit
cambrés ou courbés, c'est-à-dire que le bas du buste comme le haut se trouve
porté en avant ou en arrière. Indépendamment de ces différentes tenues, il y a
les épaules droites, hautes ou basses. Il y a également les hommes gros de ceinture, dont la grosseur se trouve portée en avant ou proportionnée tout autour
du corps.

Changements à opérer pour les différentes tenues
et conformations,
EN PRENANT POUR BASE LA CONFORMATION RÉGULIÈRE ET LA TENUE DROITE.
Tenue voutée, fig. 13, 14 et 15.

Ajoutez au montant du dos et à la largeur d'écarrure, avancez l'emmanchure
dans les mêmes proportions, sans toucher à l'endroit de l'omoplate ; baissez et
avancez le haut de l'encolure pour qu'il y ait moins de rond au-devant de la
poitrine ; ajoutez aussi à l'abattement de la manche.

Pour la tenue renversée, *fig.* 16, 17 et 18, vous faites l'inverse de la tenue
voutée.

Epaules hautes, fig. 19, 20 et 21.

Haussez le côté du dos, haussez également l'emmanchure dans les mêmes proportions et ajoutez du rond dans le haut de la manche.

Pour les épaules basses, *fig.*. 22, 23 et 24, vous faites l'inverse des épaules
hautes ; quand il se trouve une épaule plus basse que l'autre, vous opérez aux
deux côtés séparément.

Tenue cambrée, fig. 25 et 26.

Rentrez au bas du côté en mourant jusqu'à l'endroit de l'omoplate, et ressortez au devant la valeur de ce que vous rentrez au côté.

Pour la tenue courbée, *fig.* 27, vous faites l'inverse de la tenue cambrée.

Gros de ceinture et trapu, fig. 28 et 29.

Si la personne a le ventre porté en avant, ajoutez presque tout le surplus de
la grosseur sur le devant ; et si la grosseur se trouve proportionnée tout autour
du corps, ajoutez moins au devant et plus au côté ; on met ordinairement les
trois quarts du surplus sur le devant et le quart sur le côté. Pour l'homme
gros et trapu, vous remontez le côté du dos ainsi que l'emmanchure et vous
raccourcissez par le bas.

Les *fig.* 30, 31 et 32 représentent des modèles de dos pour les bossus qui ont
a bosse au milieu du dos, et les bossus qui ont la bosse portée sur le côté.

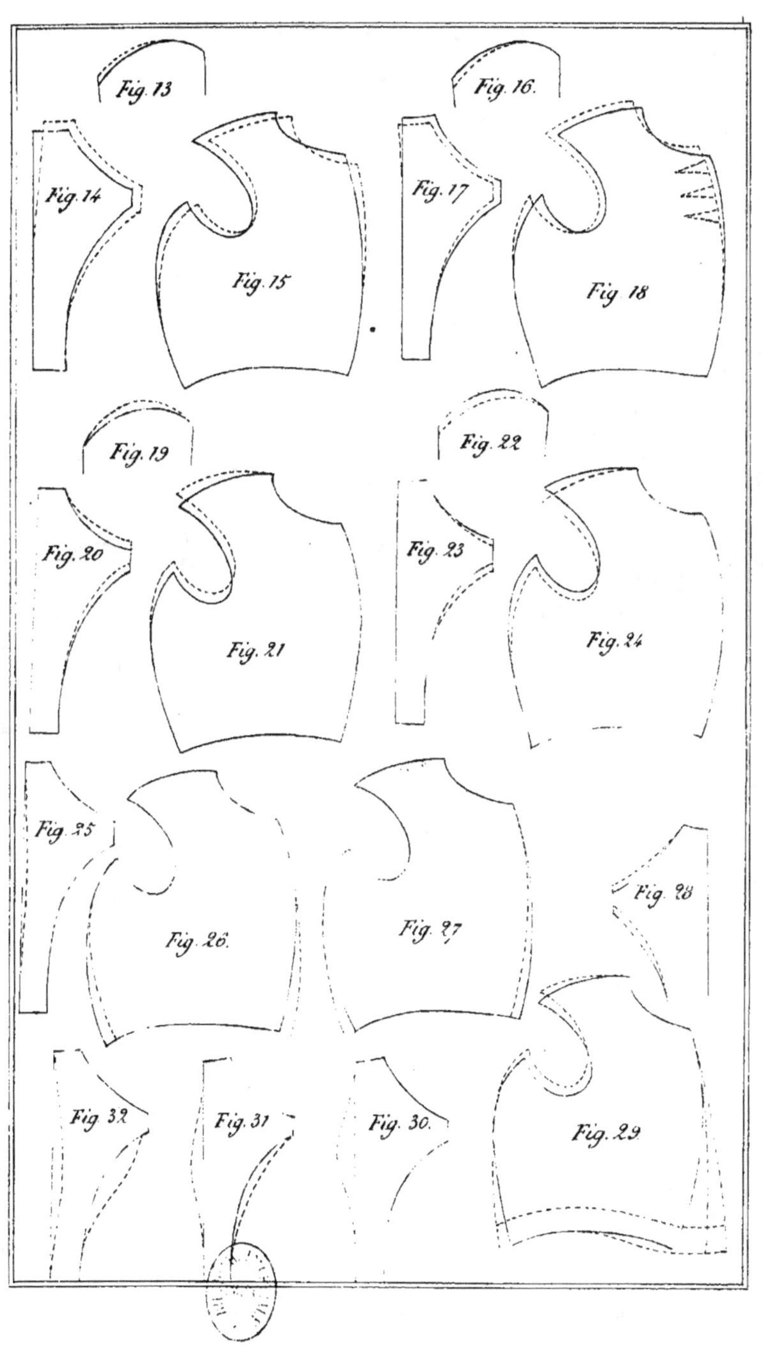

Fig. 13
Fig. 16.
Fig. 14
Fig. 17
Fig. 15
Fig. 18
Fig. 19
Fig. 22
Fig. 20
Fig. 23
Fig. 21
Fig. 24
Fig. 25
Fig. 28
Fig. 26.
Fig. 27
Fig. 32
Fig. 31
Fig. 30
Fig. 29

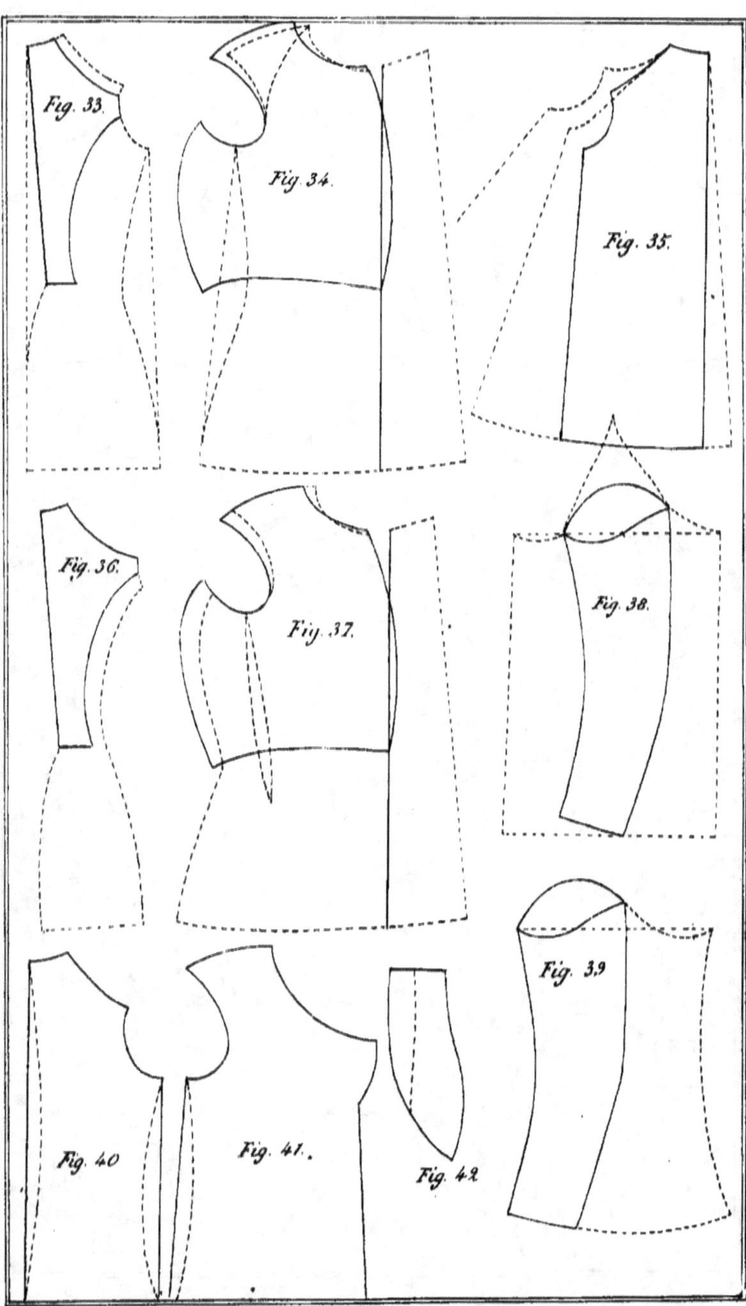

Fig. 33.
Fig. 34.
Fig. 35.
Fig. 36.
Fig. 37.
Fig. 38.
Fig. 39.
Fig. 40.
Fig. 41.
Fig. 42.

Des innovations dans la mode.

Lorsqu'il paraîtra des innovations pour la mode et que vous voudrez les reproduire, ou si vous voulez innover vous-même, vous vous baserez toujours sur des modèles de vêtements ordinaires, en ajoutant ou en supprimant, ou bien par différents changements et diverses combinaisons, vous pourrez innover ou reproduire toutes les innovations qui viendront à paraître.

Le moyen le plus simple, le plus facile et en même temps le plus sûr pour obtenir la coupe d'un vêtement de fantaisie quelconque, c'est de se baser sur un modèle ordinaire d'habit ou redingote, en ajoutant au dos et en supprimant au devant dans les mêmes proportions, ou en ajoutant au devant et en supprimant au dos, on peut ainsi varier la coupe à l'infini sans déranger l'aplomb; on peut également varier le tracé de l'encolure et de la poitrine, donner par conséquent au vêtement n'importe quel genre que l'on veuille se proposer.

Paletot.

Fig. 33, 34 *et* 35.

Tracez un dos ordinaire de redingote, ajoutez au côté une partie de l'emmanchure. Si c'est un paletot-sac, tracez le côté et le derrière tout droit; si au contraire vous voulez qu'il dessine la taille et la hanche, tracez en creusant. Si vous voulez aussi que la couture d'épaulette se trouve plus haut sur l'épaule, ajoutez un peu de largeur au montant. Pour le dos du paletot-sac ample, vous laissez l'ampleur sur le côté, en ayant soin de remonter pour que cette ampleur se trouve suffisamment refoulée en arrière et soit par conséquent dispersée convenablement.

Pour le devant, marquez la largeur que vous voulez donner à la croisure; à partir de ce point, tracez un devant ordinaire de redingote, supprimez la partie de l'emmanchure que vous avez ajouté au dos; si c'est un paletot-sac, tracez le côté tout droit, et si vous voulez qu'il forme la hanche, tracez en creusant; si vous voulez aussi que la couture d'épaulette se trouve plus haut sur l'épaule, supprimez à l'épaulette la valeur de ce que vous ajoutez à la largeur du montant du dos; ensuite, comme il n'y a pas de suçon ni d'anglaise rapportée, par conséquent pas de rentrage à la poitrine, redressez un peu l'épaulette, tracez le devant en élargissant à partir du revers jusqu'au bas de la jupe pour que le vêtement n'ouvre pas dans le bas; pour la longueur du devant, vous mettez, à partir de l'encolure, environ cinq centimètres de moins que la longueur totale du dos.

Si parfois vous voulez que le dos soit moins large, vous ôtez moins au côté et vous pratiquez un fort suçon sous le bras pour former la hanche. Voyez *fig*. 36 *et* 37.

Pour les manches à une seule couture, *fig*. 38 et 39, vous tracez d'abord un dessus de manche ordinaire; ensuite vous ajoutez la largeur du dessous, tout d'un côté ou un peu de chaque côté, selon l'endroit où vous voulez que la couture se trouve.

Robe de chambre.

Fig. 40, 41 *et* 42.

Pour la robe de chambre, vous procédez comme pour le paletot, en lui faisant dessiner la taille ou en traçant le derrière et les côtés tout droits; seulement elle doit être plus longue et plus ample dans le bas, puis, au lieu d'avoir des revers et un collet ordinaire, elle se fait droite ou à châles.

Paletot

AVEC LE CÔTÉ RAPPORTÉ ET LE DEVANT TENANT A LA JUPE.

Fig. 43.

Tracez un devant de paletot; à partir de la hanche formez le derrière de la jupe, coupez le petit côté séparément et de manière qu'il puisse bien s'adapter à la jupe et au devant, tout en ayant assez de pointe dans le bas pour faire descendre le derrière de la jupe, afin de repousser une partie de l'ampleur sur le côté.

Paletot

AVEC LE DEVANT RAPPORTÉ ET LE CÔTÉ TENANT A LA JUPE.

Fig. 44.

Coupez un modèle de jupe, placez-le sur l'étoffe et appliquez le petit côté dans le haut du derrière; pour que le petit côté se trouve bien à poil, vous placez le modèle de jupe un peu en biais sur l'étoffe, de manière que le poil ne suive pas bien directement le devant de la jupe; vous avez soin de couper le bas du devant du corsage, de manière qu'il puisse bien s'adapter à la jupe et au petit côté, tout en ayant assez de longueur pour s'accorder avec le devant de la jupe; si vous voulez que le devant et le côté tiennent à la jupe, vous pratiquez un fort suçon sous le bras pour former la hanche, voyez *fig.* 45.

Paletot

AVEC UNE SEULE COUTURE A L'ÉPAULETTE.

Fig. 46.

Coupez un modele de paletot-sac ordinaire; placez le dos au bord du pli du drap, appliquez le devant au dos et tracez tout autour.

Pour l'habit à larges basques, *fig.* 47 et 48, si vous voulez faire flotter la basque vous la creusez dans le haut, vous ajoutez sur le devant et dans le bas pour lui conserver sa même longueur et sa même largeur.

Pour la veste ronde, *fig.* 49 et 50, vous tracez d'abord un modèle ordinaire d'habit, ensuite vous ajoutez dans le bas, en ayant soin de couper toujours le petit côté séparément.

AVIS.

On remarquera que ce livre étant peu volumineux, offre une grande facilité pour trouver de suite ce que l'on veut chercher; les figures étant aussi très serrées, il se trouve conséquemment beaucoup de modèles réunis dans la même page, placés à côté les uns des autres, de sorte qu'on peut facilement juger du premier coup-d'œil la différence de la coupe des différents modèles. On remarquera également que cet ouvrage contient tout ce qui concerne l'art du tailleur, il est certain que si j'avais voulu répartir différemment le nombre considérable de figures qu'il renferme et compliquer les explications, j'aurais pu établir un plus fort volume, mais qui aurait été bien moins commode et surtout plus embrouillant; ce n'est pas le gros volume ni la complication qui font le mérite et la valeur d'un ouvrage méthodique, au contraire, c'est la simplicité, parce qu'elle facilite l'appréciation; c'est donc avec raison que je me suis attaché à faire un ouvrage tout à fait complet, mais le moins volumineux et le plus simple possible, ce qui le rend commode, facile à comprendre, et le met par conséquent à la portée de toutes les intelligences.

On remarquera aussi que cet ouvrage n'a pas un format embarrassant : il est de la grandeur la plus convenable.

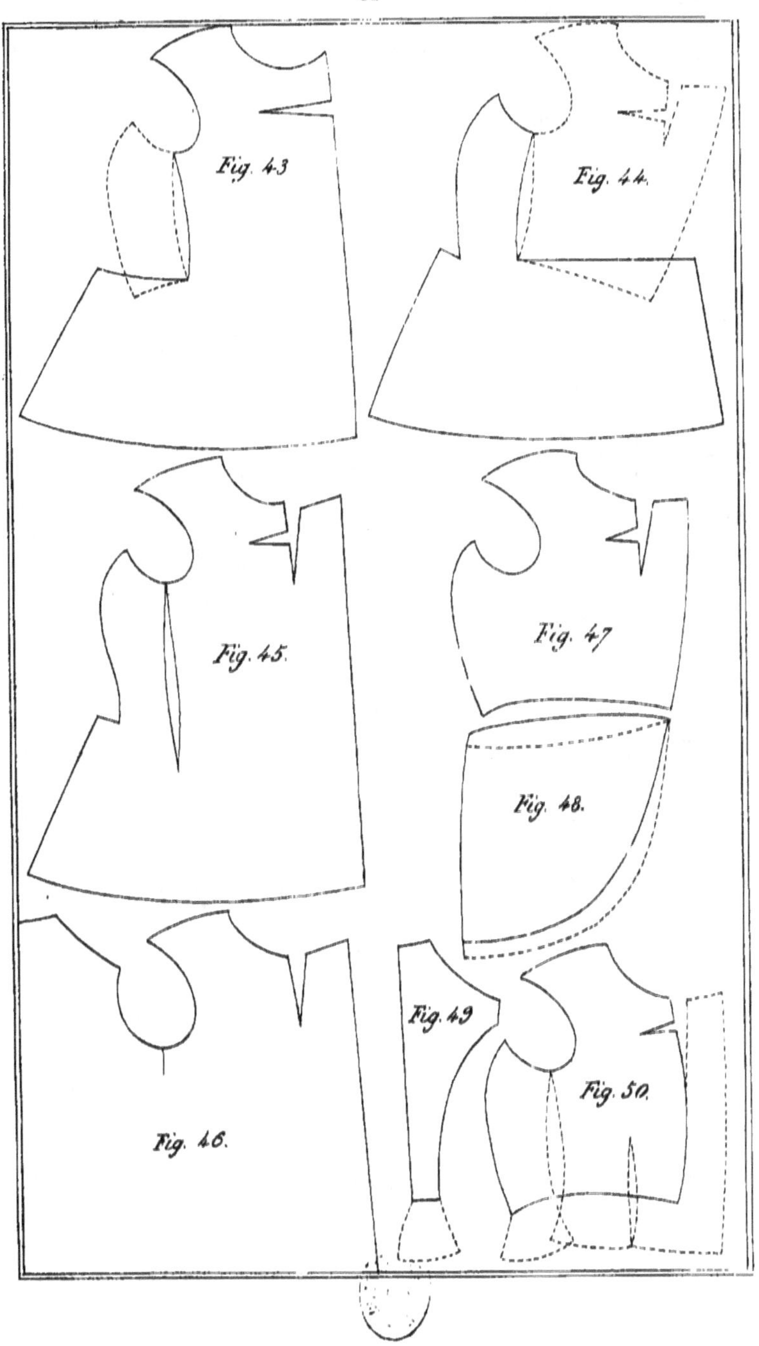

Fig. 43.

Fig. 44.

Fig. 45.

Fig. 46.

Fig. 47.

Fig. 48.

Fig. 49.

Fig. 50.

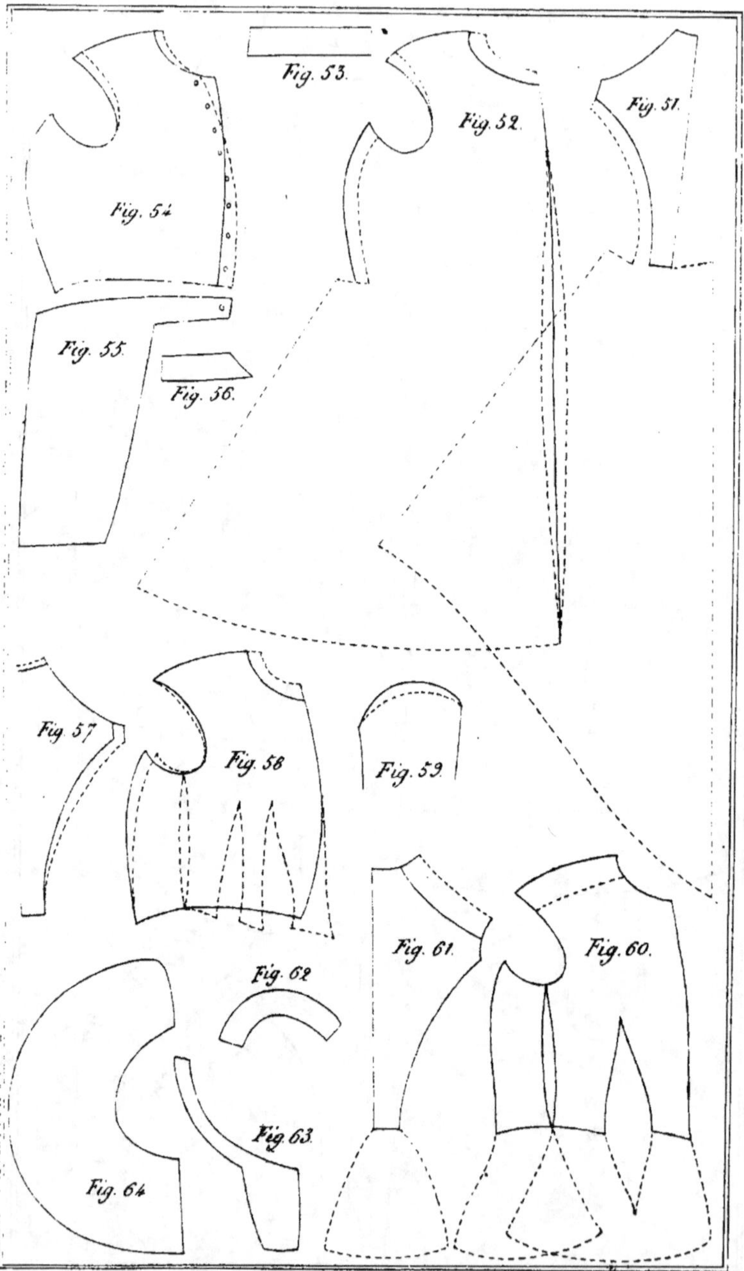

Fig. 53.
Fig. 52.
Fig. 51.
Fig. 54.
Fig. 55.
Fig. 56.
Fig. 57.
Fig. 58.
Fig. 59.
Fig. 61.
Fig. 60.
Fig. 62.
Fig. 63.
Fig. 64.

Soutane.

Fig. 51 et 52.

Tracez un dos ordinaire de redingote, ajoutez un peu de largeur tout le long du côté, marquez la longueur de la soutane et ajoutez la longueur de la queue ; la queue se fait plus ou moins longue selon le goût du client : il se fait aussi des soutanes sans queues.

Pour le devant, tracez un devant ordinaire de redingote, supprimez au côté la valeur de ce que vous avez ajouté au dos, réglez la longueur de la jupe au moyen du dos, redressez un peu l'épaulette et haussez l'encolure que vous réglez au moyen de la mesure de grosseur du cou.

Pour les personnes grosses de ceinture, vous donnez du rond au devant pour emboîter le ventre, et pour les personnes minces, vous formez un peu le creux pour que la jupe ne bride pas ; il se fait aussi des soutanes coupées à la taille avec la jupe rapportée comme à une redingote. Le collet *fig*. 53 se coupe d'après la mesure de grosseur du cou.

Quantité de drap qu'on emploie : 3 mètres 40 centimètres.

Habit collet droit (DIT Habit de Cour)

POUR LES HAUTS FONCTIONNAIRES.

Fig. 54 et 55.

Après avoir tracé un modèle d'habit ordinaire, vous redressez l'épaulette ; vous ôtez de la largeur dans le haut de la poitrine pour qu'elle découvre un peu, et vous ajoutez sur le devant pour les boutons et les boutonnières.

Le collet *fig*. 56 est abattu sur le devant pour pouvoir suivre le devant de la poitrine.

Amazone.

Fig. 57 et 58.

Pour l'amazone vous employez les mêmes mesures que pour l'habit ; pour obtenir plus facilement la coupe de l'amazone, vous tracez d'abord méthodiquement, d'après la mesure de grosseur de poitrine, un dos et un devant ordinaire d'habit pour servir de base ; ensuite vous faites les rectifications qui sont représentées sur les modèles ; vous appliquez toujours les mesures de longueur du buste et du petit côté ; en traçant les suçons au devant vous avez soin de former des angles très aigus pour qu'ils ne fassent pas mauvais effet une fois les coutures faites ; plus les seins se trouvent forts plus les suçons doivent être ouverts ; si vous voulez vous pratiquez un fort suçon au lieu de deux ; si vous voulez aussi que la couture d'épaulette se trouve plus haut sur l'épaule, vous ajoutez au dos une partie de l'épaulette, voyez *fig*. 60 et 61 ; les *fig*. 62, 63 et 64 représentent le collet et les deux genres de basques qui se font ordinairement.

Le jupon de l'amazone peut être plissé ou froncé selon le goût des personnes ; pour la quantité de drap, vous prenez trois fois la longueur du jupon, vous employez deux largeurs et demi pour le jupon et vous coupez le corsage dans la demi largeur qui reste.

Quantité de drap qu'on doit employer

POUR TOUTE ESPÈCE DE VÊTEMENTS.

Lorsque vous voulez savoir la quantité de drap qui doit être employée pour un vêtement quelconque, vous figurez la largeur du drap, soit sur du papier ou sur le comptoir, et vous placez vos modèles comme si c'était sur le drap lui-même, de sorte que vous voyez de suite ce qu'il vous faut ; si vous n'avez pas les modèles vous pouvez les tracer grossièrement dans un clin-d'œil sur l'espace figuré qui représente la largeur du drap, c'est là le vrai moyen de savoir au juste la quantité de drap que vous devez employer pour toutes les tailles et toute espèce de vêtement, c'est aussi la meilleure manière pour apprendre l'économie.

Uniforme.

Fig. 65 *et* 66.

Vous tracez d'abord un dos et un devant ordinaire d'habit, vous faites ensuite les rectifications qui sont représentées sur les modèles; vous appliquez toujours la mesure de longueur du buste pour régler le point de la hanche, et la grosseur du cou pour régler la longueur d'encolure.

Le collet *fig*. 67 doit être coupé d'après la mesure de grosseur du cou.

La manche *fig*. 68 ne doit pas être beaucoup évidée sous le bras, pour faciliter les mouvements.

Pour la jupe *fig*. 69, vous mettez pour l'ouverture du suçon 18 centimètres, et 14 pour la profondeur; après avoir tracé le suçon vous le réglez au moyen de la mesure de grosseur de ceinture, en ayant soin toutefois de tenir compte dn tendage; s'il se trouve trop court ou trop long, vous le réduisez ou vous l'agrandissez en lui conservant sa même forme; pour régler la longueur de la jupe vous décrivez une courbe en pivotant tout autour du suçon; après avoir tracé, vous ôtez sur le derrière la basque du dos qui doit se trouver à contre-poil comme le derrière de la jupe; le suçon doit être fortement tendu.

Caban.

Fig. 73 et 74.

Tracez un dos de paletot-sac, ajoutez au montant pour que la couture d'épaulette se trouve sur l'épaule, et supprimez le côté que vous remplacez par un gousset.

Pour le devant, tracez un devant de paletot-sac et supprimez à l'épaulette la valeur de ce que vous avez ajouté au montant du dos; supprimez également le côté que vous remplacez aussi par un gousset : les goussets forment le bas de l'emmanchure et sont adaptés à une pièce qui, à partir de la hanche en descendant, supplée à la largeur du bas du devant et du dos. Comme le Caban est un vêtement très large, vous avez soin de tracer le dos et le devant de paletot-sac qui servent de base, beaucoup plus grands que la mesure de la personne par laquelle le Caban doit être porté.

La manche *fig*. 75 se coupe droite et d'une seule pièce.

Le capuchon *fig*. 76 se fait plus ou moins haut selon la coiffure qu'il est destiné à couvrir.

Quantité de drap qu'on employe pour le caban : 2 mètres 40 centimètres.

De la livrée des domestiques.

Pour la livrée des domestiques la coupe est la même que pour les autres vêtements; il n'y a de différence que dans la forme du collet et des parements, suivant le caprice des maîtres.

AVIS.

Si j'ai supprimé l'échelle de proportion ou la règle qui faisait partie de mon système, c'est que les tailleurs ne veulent plus se servir d'instruments pour la coupe : ils disent qu'un coupeur qui se sert d'un instrument quelconque ou d'une règle méthodique pour couper, n'inspire pas de confiance parce qu'il a toujours l'air d'un apprenti ou d'un débutant qui n'est pas bien approfondi dans son art.

On appréciera tous les avantages de ma méthode qui est excessivement simple, facile, et au moyen de laquelle on réduit avec précision sans avoir besoin d'aucun instrument ni règle spéciale.

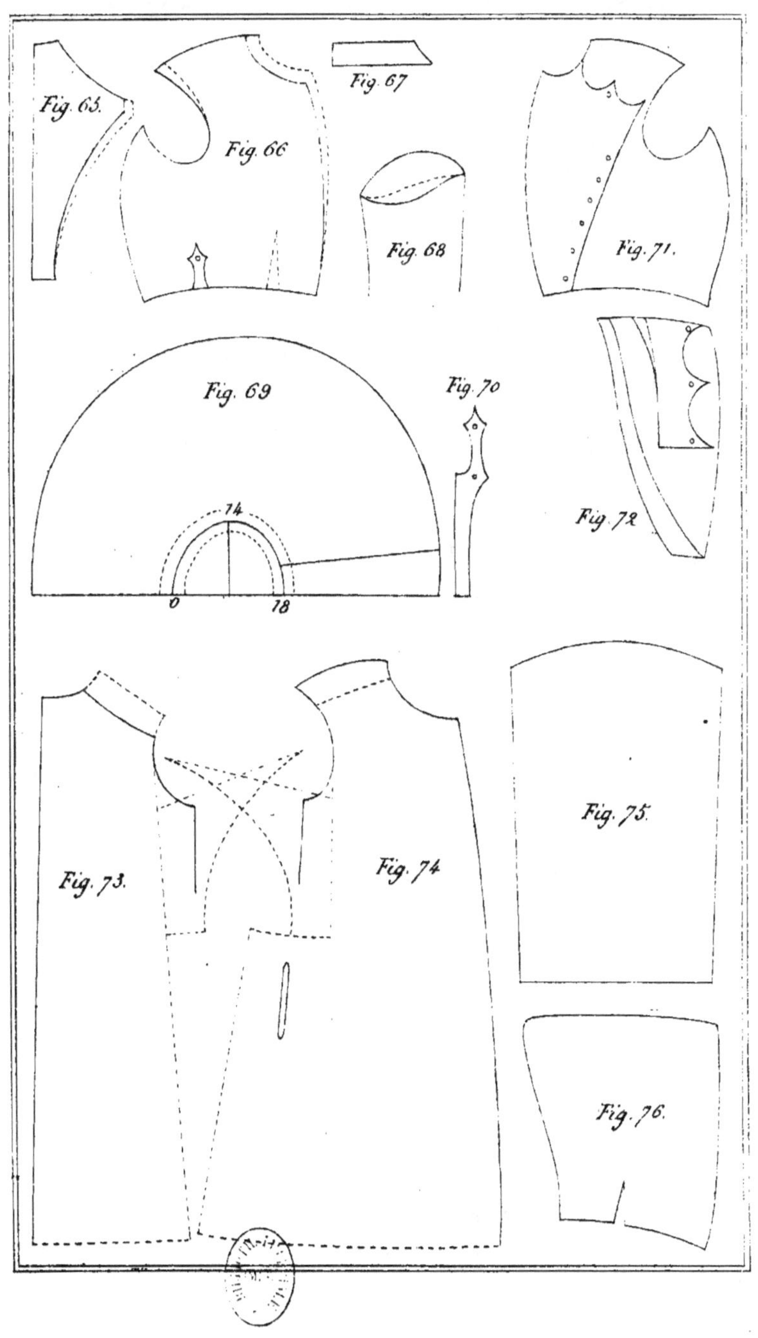
Fig. 65.
Fig. 66.
Fig. 67.
Fig. 68.
Fig. 71.
Fig. 69.
Fig. 70.
Fig. 72.
14
0
18
Fig. 73.
Fig. 74.
Fig. 75.
Fig. 76.

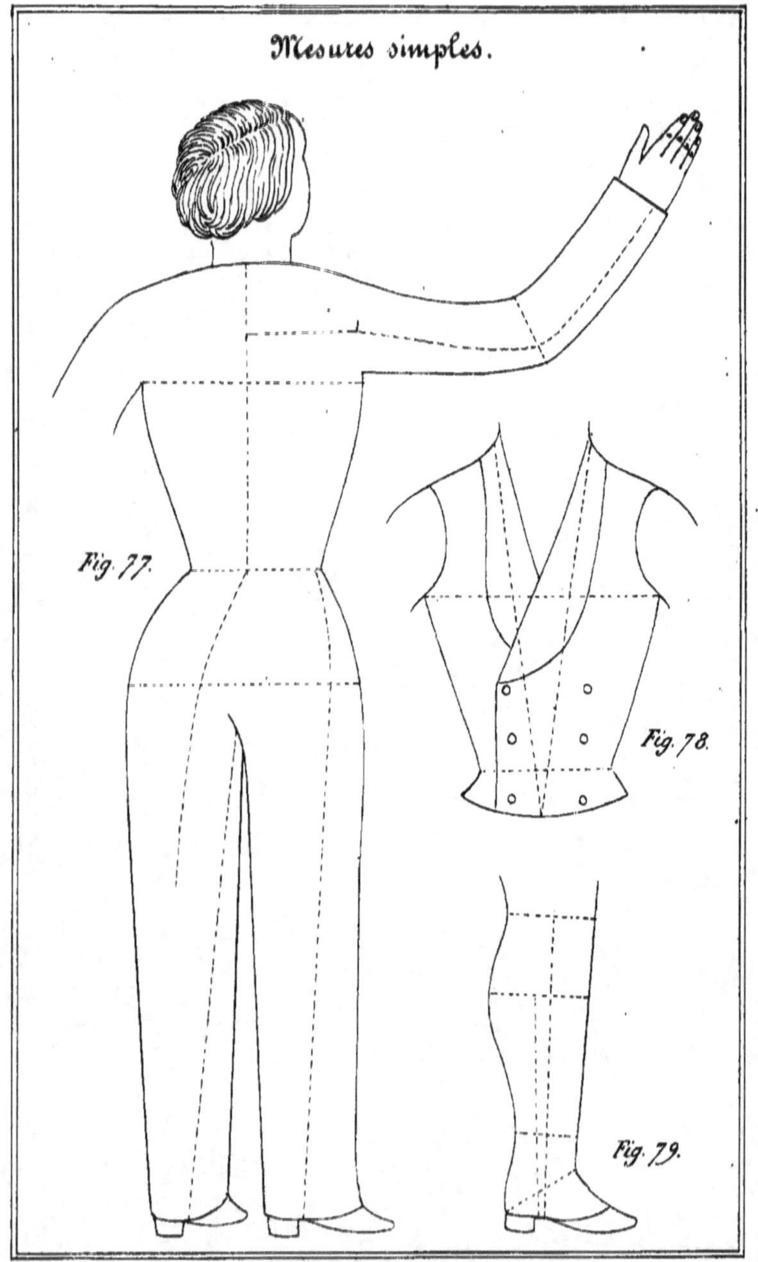

Mesures simples.
Fig. 77.
Fig. 78.
Fig. 79.

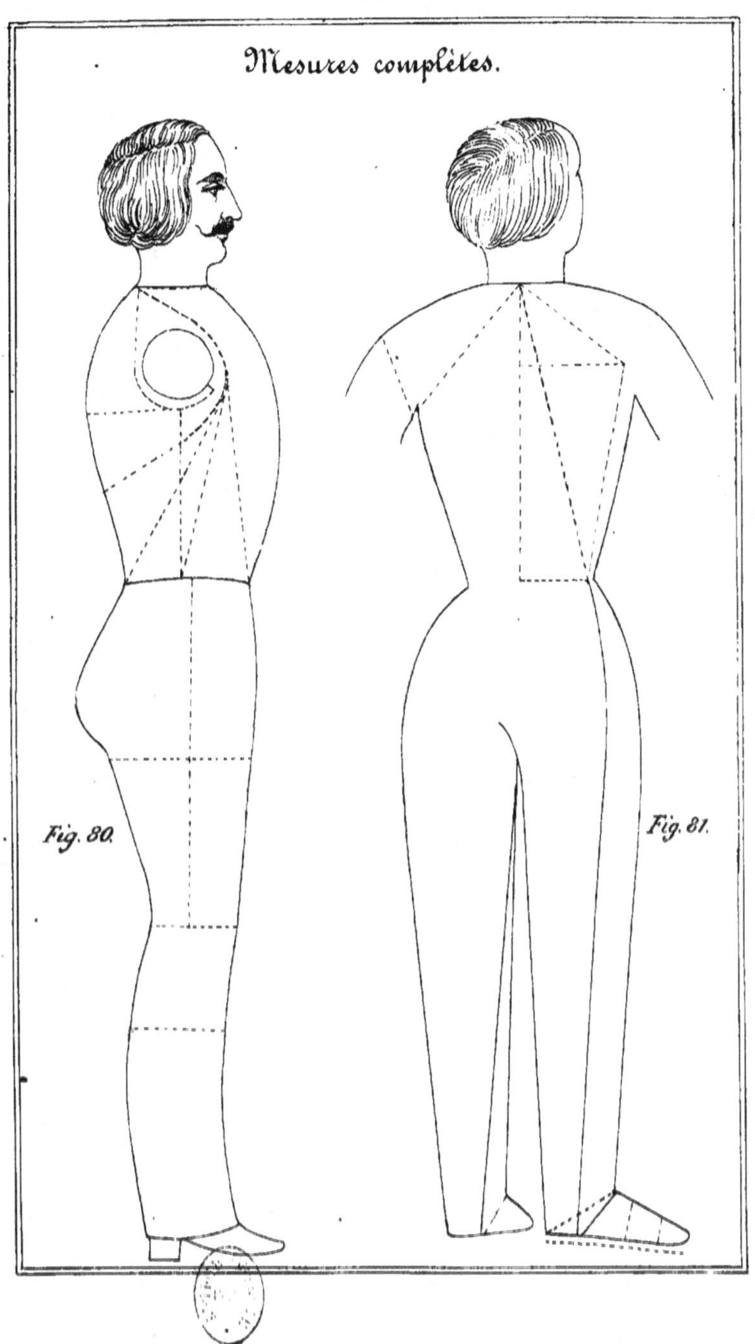
Mesures complètes.
Fig. 80.
Fig. 81.

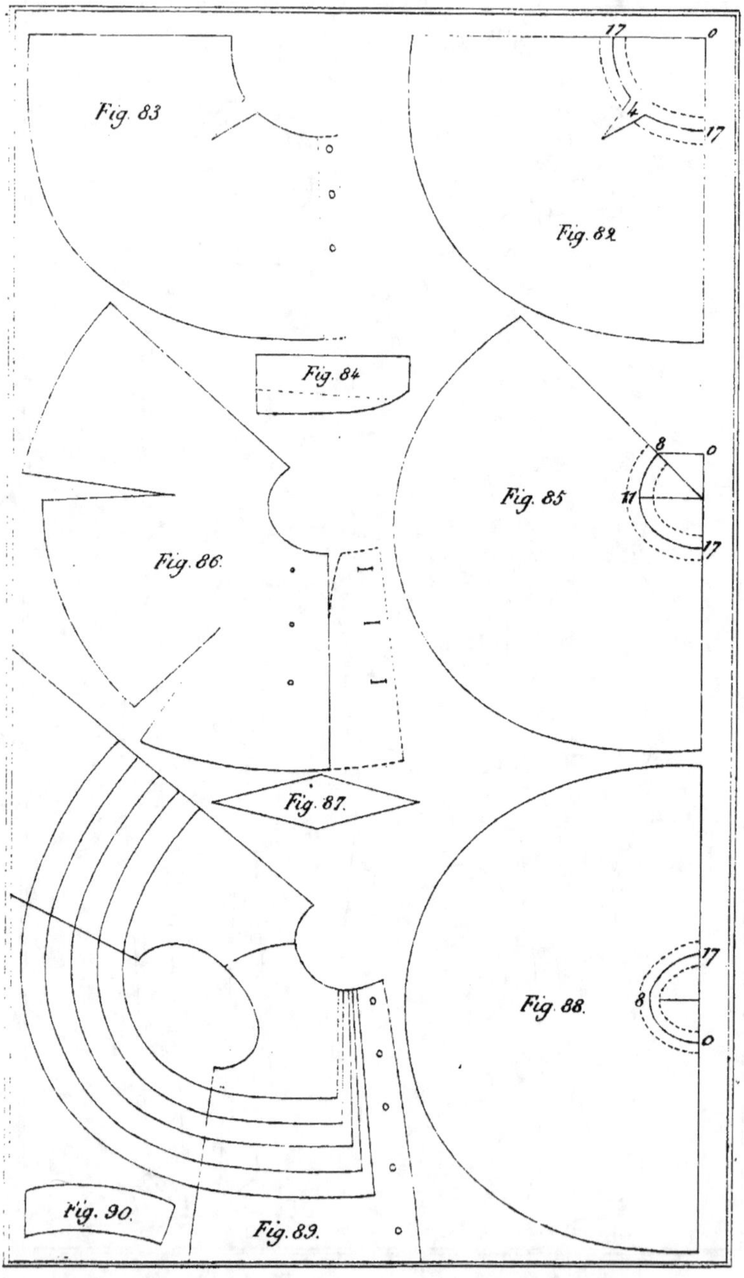

Fig. 83
Fig. 82
Fig. 84
Fig. 85
Fig. 86
Fig. 87
Fig. 88
Fig. 90
Fig. 89
17
0
4
17
8
0
11
17
17
8
0

Manteaux.

Pour les mesures, vous prenez la grosseur du cou par dessus le collet de l'habit, et la longueur du manteau à partir du haut du dos en descendant tout du long par derrière.

Demi-Manteau.

Fig. 82.

Tracez deux lignes formant un angle droit; à partir du sommet marquez 17 centimètres, en prenant également le sommet de l'angle pour point central, décrivez un arc de cercle pour former l'encolure à laquelle vous pratiquez un suçon de 4 centimètres; vous réglez l'encolure au moyen de la mesure de grosseur du cou : si elle se trouve trop petite ou trop grande vous la réduisez ou vous l'agrandissez en lui conservant toujours sa même forme. Pour régler la longueur du manteau, à partir de l'encolure vous mettez 5 centimètres de moins sur le devant que sur le derrière, et 7 centimètres de plus sur le côté que sur le derrière, le poil du drap doit aller en descendant par derrière; si toutefois vous voulez laisser une croisure pour des boutons et des boutonnières *fig.* 83, vous faites descendre le poil par devant et vous mettez un collet ordinaire de paletot *fig.* 84; le manteau se coupe toujours à drap ouvert.

Quantité de drap qu'on emploie : 3 mètres.

Manteau trois-quarts.

Fig. 85.

Tracez un angle droit; à partir du sommet marquez 8 centimètres d'un côté et 17 de l'autre, partagez cette dernière distance par le milieu; menez une parallèle et marquez 11 centimètres; à partir du même point en passant au point 8, tracez une ligne oblique qui formera le devant du manteau; tracez ensuite l'encolure que vous réglez au moyen de la mesure de grosseur du cou; si elle se trouve trop petite ou trop grande vous la réduisez ou vous l'agrandissez en lui conservant sa même forme. Si vous voulez vous pouvez ajouter des revers et former des manches au manteau trois-quarts (voyez *fig.* 86); vous marquez la profondeur d'emmanchure avec les mesures prises au devant et au derrière de l'épaule; puis à partir de ces points vous pratiquez deux longs suçons pour former la manche. Le gousset *fig.* 87, qui doit former le haut du dessous-bras, est un losange dont les angles obtus doivent se trouver dans le haut des suçons, et les angles aigus doivent se perdre l'un dans la couture de la manche, l'autre dans la couture du côté.

Quantité de drap : 4 mètres 50 centimètres.

Manteau plein.

Fi.g 88.

Marquez l'ouverture de l'encolure 17 centimètres et mettez 8 pour la profondeur, tracez l'encolure de manière qu'elle soit un peu plus creusée par derrière que par devant, et réglez-là au moyen de la mesure de grosseur du cou; si elle se trouve trop petite ou trop grande, réduisez-là ou agrandissez-là en lui conservant sa même forme.

Quantité de drap : 5 mètres 40 centimètres.

Manteau à manche ou carrick.

Fig. 89.

Vous coupez tout simplement un paletot-sac long et large, puis vous appliquez le dos à l'épaulette pour couper les rotonnes, la *fig.* 90 représente un collet de manteau.

Gilet.

PRINCIPE DE RÉDUCTION BASÉ SUR LA GROSSEUR DE POITRINE.

La manière de prendre mesure est représentée à la page 16; la mesure de grosseur de poitrine, sur laquelle on se base pour les proportions, doit être prise juste.

Explications du tracé.

Devant, fig 91.

Tracez deux lignes formant un angle droit C A D; à partir du sommet marquez la mesure de grosseur de poitrine A B, marquez la mesure totale A C; marquez encore la moitié de la mesure de grosseur A D; divisez par moitié et par quart; menez des parallèles et divisez par moitié, par quart et huitième, afin d'obtenir les points de l'encolure et de la pointe de l'épaulette; en traçant le haut de l'épaulette, sortez un centimètre en dehors de la ligne, réglez la longueur du devant dans le bas au moyen de la mesure de longueur du gilet, réglez également la largeur du bas au moyen de la mesure de grosseur de ceinture.

Dos, fig. 93.

Tracez un angle droit C A D, marquez la moitié de la mesure de grosseur de poitrine A B; marquez la mesure totale A C; marquez encore la moitié de la mesure de grosseur A D; divisez par moitié par quart et menez des parallèles; divisez encore par moitié, par quart et huitième, afin d'obtenir le point du montant; réglez la longueur et la largeur dans le bas au moyen du devant et de la mesure de grosseur de ceinture, réglez aussi le montant au moyen de l'épaulette.

Manière de procéder par un calcul très simple.

Devant, fig. 94.

Supposons que vous vouliez couper d'après une mesure de grosseur (de poitrine) quelconque, la grosseur moyenne de 48 centimètres par exemple :

Tracez un angle droit à partir du sommet, marquez la moitié de la mesure de grosseur 24 centimètres, marquez la mesure totale de 48; marquez encore la moitié de la mesure de grosseur 24, partagez par le milieu 12, encore par le milieu 6 et menez des parallèles; mettez pour le point de l'encolure le huitième et demi de la mesure de grosseur 9, et pour celui de la pointe de l'épaulette le seizième 3.

Dos, fig. 96.

Tracez un angle droit et marquez la moitié de la mesure de grosseur 24 centimètres, marquez la mesure totale 48; marquez encore la moitié de la mesure de grosseur 24; marquez le quart de 24 qui fait 6 et menez des parallèles; mettez pour le point du montant le huitième et demi de la mesure de grosseur 9.

D'après ce principe, en appliquant toujours la moitié, le quart, le huitième et le seizième de la mesure de grosseur de chaque personne, on peut créer des modèles depuis le plus petit jusqu'au plus grand.

Manière de procéder aussi au moyen d'une bande de papier.

Bande de papier, fig 97.

Coupez une petite bande de papier d'une longueur égale à la moitié de la mesure de grosseur, pliez-la en deux et faites une hoche, pliez la moitié en deux et faites une deuxième hoche, pliez le quart en deux et faites une troisième hoche, pliez également en deux la partie qui se trouve entre la moitié et le quart et faites une quatrième hoche; de cette manière vous obtenez avec la plus grande facilité le quart, le huitième, le huitième et demi et le seizième de la mesure de grosseur et avec lesquels vous marquez les points de proportion.

Si vous voulez, vous pouvez également vous servir d'une bande de papier pour l'habit et le pantalon.

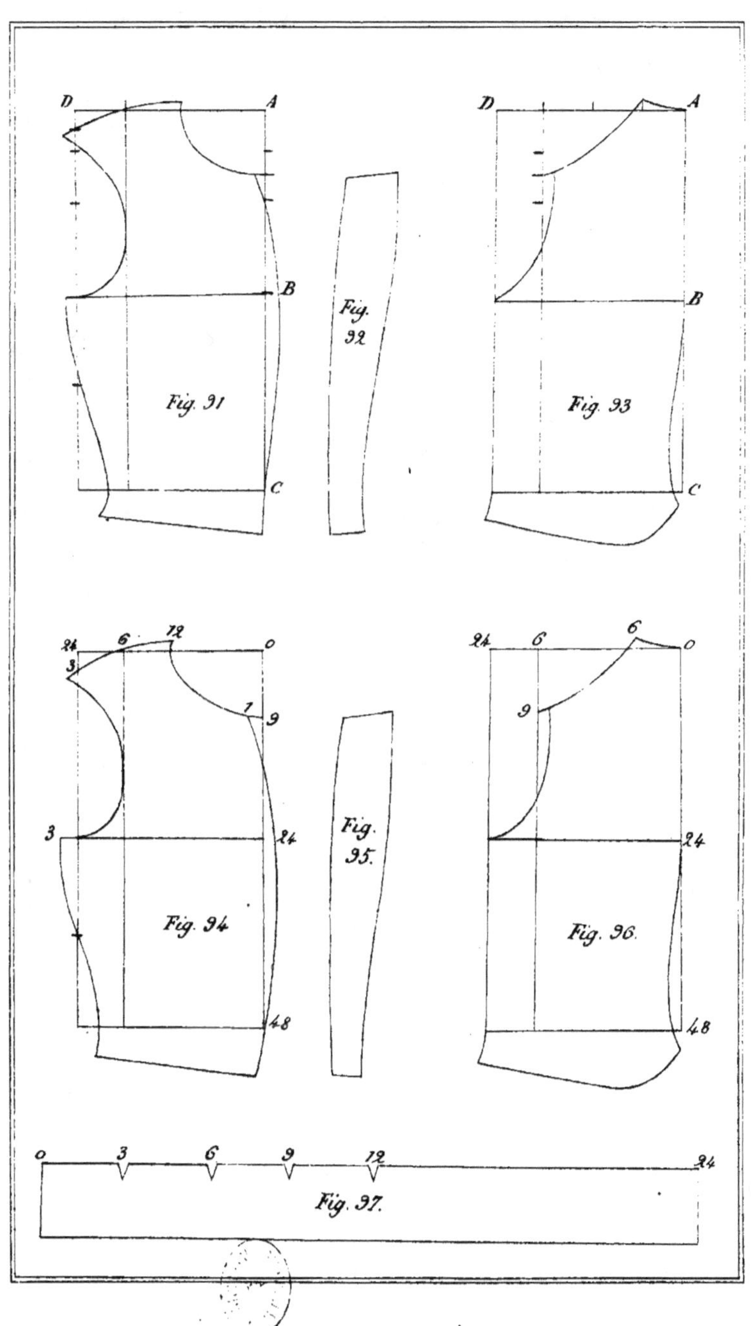
D A
B
Fig. 92
Fig. 91
C
D A
B
Fig. 93
C
24 6 12 0
3
1 9
3 24
Fig. 95.
Fig. 94
48
24 6 6 0
9
24
Fig. 96.
48
0 3 6 9 12 24
Fig. 37.

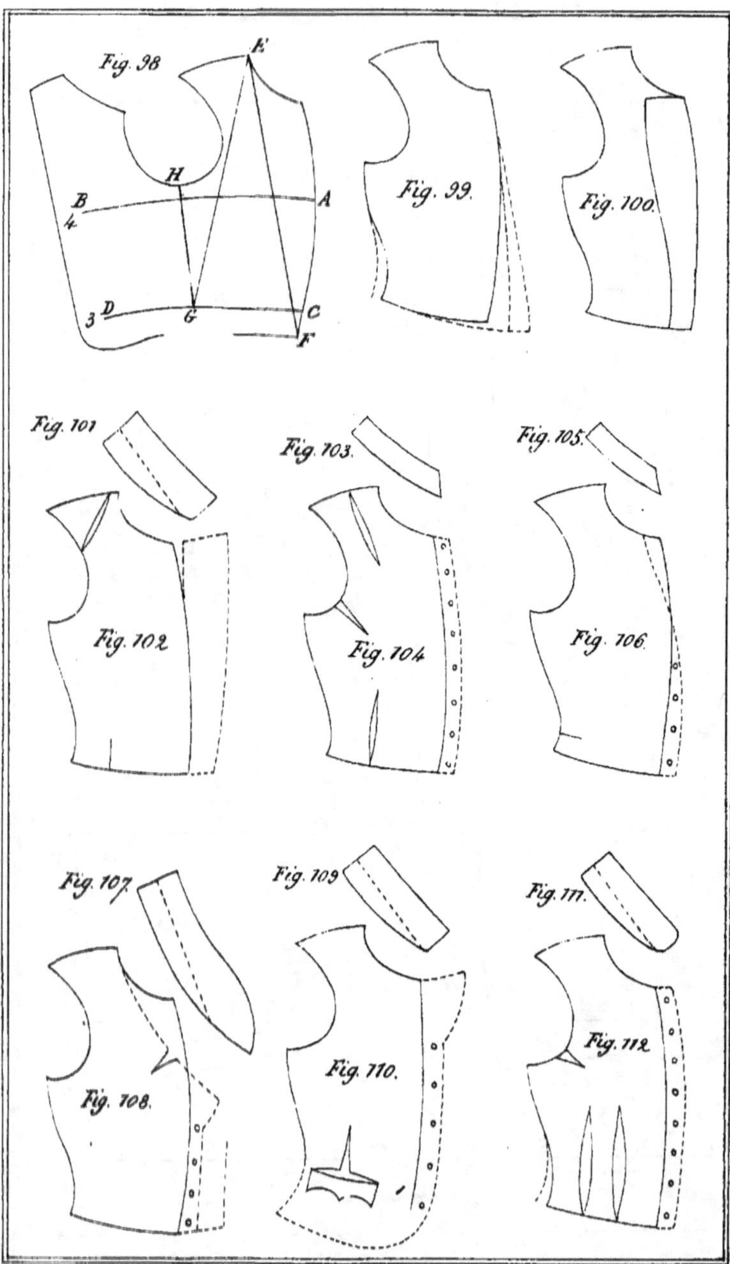
Fig. 98
Fig. 99.
Fig. 100.
Fig. 101
Fig. 102
Fig. 103.
Fig. 104
Fig. 105.
Fig. 106.
Fig. 107
Fig. 108.
Fig. 109
Fig. 110.
Fig. 111.
Fig. 112.
B
A
H
D
G
C
F
3
4

Application des mesures du gilet.

Fig. 98.

Après avoir tracé méthodiquement les modèles d'après la mesure de grosseur de poitrine A B, vous appliquez la mesure de grosseur de ceinture C D, et la longueur du gilet E F, vous appliquez également si vous voulez la mesure de longueur du buste E G, ainsi que celle du petit côté G H.

Pour la tenue voutée ou renversée, cambrée ou courbée, épaules hautes ou basses, vous procédez comme pour l'habit, voyez à la page 6.

Gros de ceinture.

Fig. 99.

Pour l'homme gros de ceinture qui a le ventre porté bien en avant, vous formez un peu le creux au devant de la poitrine pour que le gilet ne flotte pas dans cette partie et ne fasse pas des plis en travers comme il arrive très souvent.

Manière de couper l'anglaise.

Fig. 100.

Pour bien faire accorder le dessin de l'étoffe du devant et de l'anglaise, vous tracez toujours l'anglaise sur le devant.

Gilet croisé sans anglaise.

Fig. 101 *et* 102.

Ajoutez la croisure en lui donnant la forme d'une anglaise ; si la personne a la poitrine plate, placez le suçon de l'épaulette de manière qu'il aille joindre l'emmanchure, et rapportez un gousset dans le bas pour former la hanche.

Gilet collet droit, renversant à volonté.

Fig. 103 *et* 104.

Ajoutez tout le long du devant, la croisure pour les boutons et les boutonnières, si le client a la poitrine ressortie, pratiquez un suçon au milieu de l'épaulette, un autre à l'emmanchure et un autre dans le bas pour former la poitrine et la hanche tout à la fois.

Gilet droit ouvert.

Fig. 105 *et* 106.

Marquez la hauteur où vous voulez qu'il boutonne ; à partir de ce point ajoutez en descendant pour les boutons et les boutonnières ; à partir du même point supprimez de la largeur en montant pour qu'il découvre la poitrine.

Gilet à châle.

Fig 107 *et* 108.

Marquez la hauteur où il doit boutonner ; à partir de ce point en descendant ajoutez plus ou moins selon la croisure que vous voulez donner.

Gilet à basque.

Fig. 109 *et* 110.

Ajoutez de la longueur dans le bas, pratiquez à la hauteur de la hanche un suçon en travers et un autre en long pour former la hanche et la poitrine.

Gilet pour dames, collet à la chevalière.

Fig. 111 *et* 112.

Ajoutez tout le long du devant, la croisure pour les boutons et les boutonnières, pratiquez des suçons plus ou moins forts selon que la gorge se trouve forte.

Pantalon.

La manière de prendre mesure est représentée à la page 16. La mesure de grosseur du bassin, sur laquelle on se base pour les proportions, doit être bien prise sur la plus forte partie des fesses et juste.

Explications du tracé.

Devant, fig. 113.

Supposons que vous vouliez couper d'après une mesure de grosseur (du bassin) quelconque, la grosseur moyenne de 48 centimètres, par exemple :

Tirez une ligne droite et marquez la longueur de côté A B, la longueur d'entre-jambes B C ; élevez une perpendiculaire et marquez la moitié de la mesure de grosseur du bassin 24 centimètres ; portagez par le milieu 12, tracez la ligne d'aplomb et menez une parallèle pour former la largeur du devant ; ajoutez pour l'enfourchure le quart de 24 qui fait 6, marquez dans le haut, à partir du devant, la moitié de la mesure de grosseur de ceinture, soit 20 centimètres, marquez dans le bas, à partir de la ligne d'aplomb, 7 centimètres sur le côté et 10 à l'entre-jambes ; à partir de ces points, menez deux lignes obliques, l'une à l'enfourchure, l'autre au côté ; en traçant, rentrez vers la hauteur du genou 3 centimètres à l'entre-jambes et 1 sur le côté ; pour le creux de l'enfourchure, du côté où les testicules se trouvent portés, ressortez à partir de l'angle les deux tiers de 6 qui font 4 ; pour le côté opposé aux testicules, *fig.* 114, vous supprimez en moyenne 3 centimètres : en confectionnant le pantalon, vous rentrez toujours le bas du devant à la ligne d'aplomb.

D'après ce principe, en appliquant toujours la moitié, le quart et le huitième de la mesure de grosseur du bassin de chaque personne, on peut créer des modèles depuis le plus petit jusqu'au plus grand.

Derrière, fig. 115.

Après avoir placé convenablement le devant sur l'étoffe, mettez pour le renversement, à partir de la ligne d'aplomb, le quart et demi de la mesure du bassin, 18 centimètres ; marquez l'autre moitié de la mesure de grosseur de ceinture, en ayant soin de laisser 2 centimètres en plus sur le derrière pour les coutures ; ressortez à l'enfourchure la moitié de celle du devant 3 centimètres, ressortez également vers la hauteur du genou à l'entre-jambes et sur le côté environ 3 centimètres ; ressortez aussi dans le bas 6 centimètres de chaque côté, réglez la longueur à partir du genou, en laissant le devant un centimètre et demi plus court que le derrière pour le tendage ; après avoir tracé, si vous trouvez le bas trop étroit ou trop large, vous ajoutez ou vous supprimez un peu de chaque côté pour ne pas déranger l'aplomb ; une fois le pantalon coupé, vous faites des hoches au-devant et au derrière vers la hauteur du genou que vous faites accorder en faufilant les coutures.

Manière de placer les Sous-Pieds. (*fig.* 116.)

Une fois que le pantalon est fait entièrement, vous pliez le bas du devant à la ligne d'aplomb, qui se trouve au milieu du coude-pied M, et vous marquez le milieu du talon N ; à partir de ce point, vous placez le sous-pied à distance égale de chaque côté.

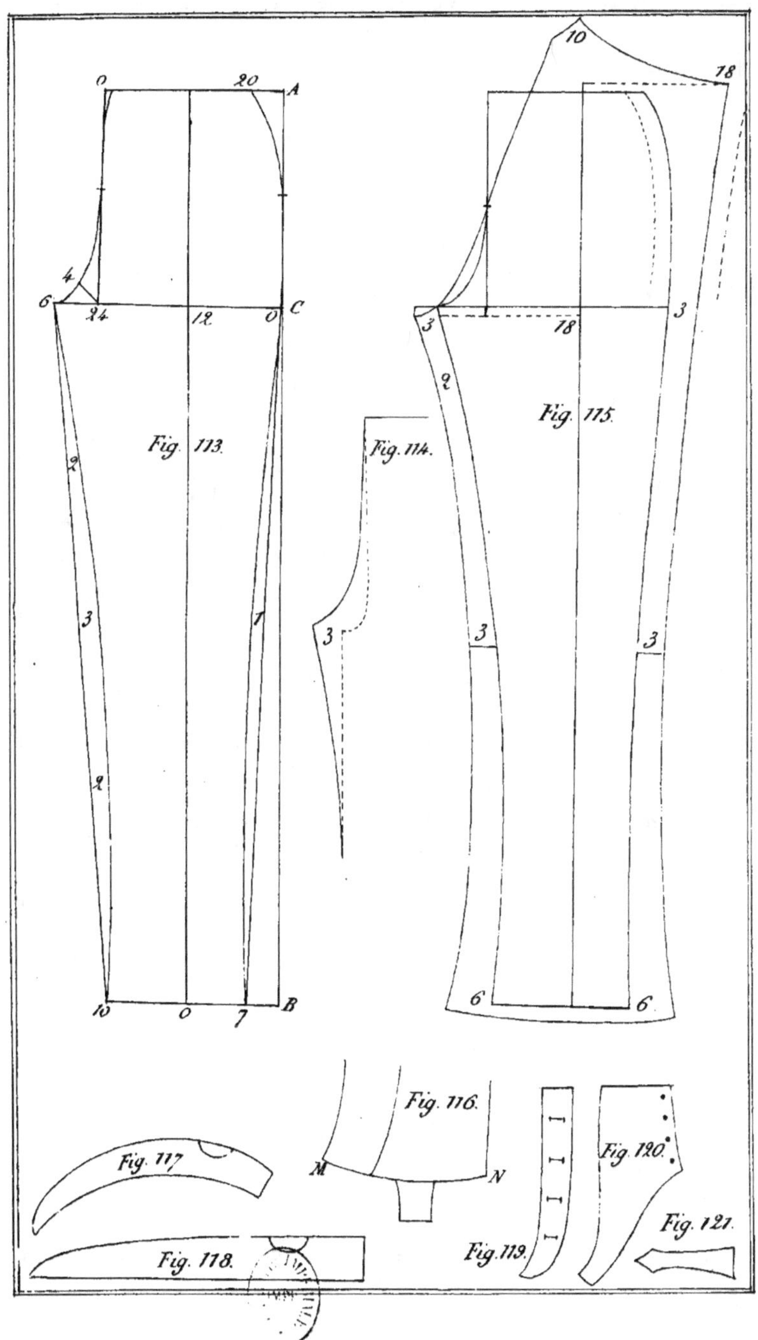
0
20
A
4
6
24
12
0
C
Fig. 113.
2
3
2
10
0
7
B
10
18
3
18
3
2
Fig. 115.
3
3
3
6
6
Fig. 114.
3
Fig. 116.
M
N
Fig. 117.
Fig. 118.
Fig. 119.
Fig. 120.
Fig. 121.

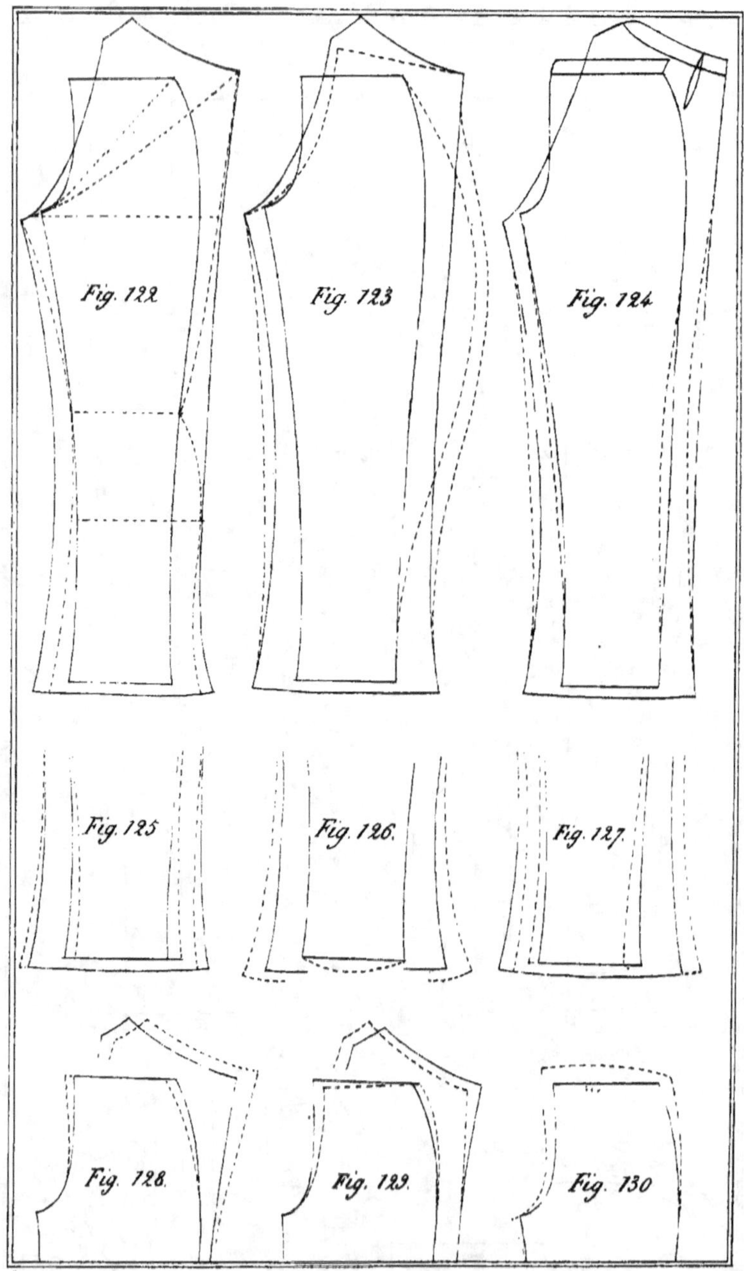

Fig. 122
Fig. 123
Fig. 124
Fig. 125
Fig. 126.
Fig. 127.
Fig. 128.
Fig. 129.
Fig. 130

Pantalon collant.

Fig. 122.

Tracez d'abord un pantalon ordinaire, appliquez les mesures de hauteur du genou, de grosseur de cuisse, du genou et du mollet, creusez le derrière sur les côté pour former le jarret, et donner du rond pour former le mollet, en confectionnant le pantalon repoussez au moyeu du tendage et du rentrage, le creux au milieu du jarret, rentrez le rond que vous repoussez également de manière à bien former le mollet.

Pantalon large (DIT à la hussarde).

Fig. 123.

Après avoir tracé un pantalon ordinaire, ressortez en formant le rond sur le côté, et creusez beaucoup au derrière en ayant soin de donner moins de hauteur à la hausse pour qu'il colle bien sur les fesses, ressortez un peu au derrière à la couture d'entre-jambes; en confectionnant le pantalon, vous serrez un peu le rond sur le côté.

Pantalon pour les genoux en dedans.

Fig. 124.

Après avoir tracé un pantalon ordinaire, rentrez sur le côté à la hauteur du genou et ressortez à l'entre-jambes dans les mêmes proportions, pour les genoux en dehors vous faites l'inverse.

Pantalon pour les pieds en dehors.

Fig. 125

Tracez un pantalon ordinaire à partir du genou en descendant, ajoutez au devant sur le côté, et supprimez au derrière dans les mêmes proportions, à partir également du genou, supprimez au devant à l'entre-jambes, et ajoutez au derrière ce que vous supprimez au-devant; pour les pieds en dedans vous faites l'inverse.

Pour le pantalon large du bas, *fig.* 126, vous ajoutez de la largeur au derrière, et de la longueur au-devant en formant le rond.

La couture de côté avançant vers le coude-pied.

Fig. 127.

Tracez un pantalon ordinaire, supprimez dans le bas du devant sur le côté plus ou moins selon que vous voulez que la couture se trouve portée en avant sur le pied, et ajoutez au derrière dans les mêmes proportions, vous ajoutez également au devant du côté de l'entre-jambes et vous supprimez au derrière ce que vous ajoutez au-devant.

Pantalon pour un homme qui se tient cambré.

Fig. 128

Tracez un pantalon ordinaire, ajoutez sur le devant et supprimez à la hanche, supprimez également au derrière à la cambrure, et ajoutez du renversement sur le côté.

Pour l'homme courbé qui a le ventre rentré et les reins ressortis, vous faites l'inverse, voyez *fig.* 129.

Pantalon pour un homme gros de ceinture.

Fig. 130.

Après avoir tracé un pantalon ordinaire, ajoutez dans le haut du devant de la largeur et de la hauteur, si la personne a le ventre porté en avant, ajoutez principalement sur le devant en formant un peu le rond pour emboîter le ventre, et si la grosseur se trouve proportionnée tout autour du corps, ajoutez moins au devant et ressortez sur le côté; si vous voulez dissimuler le ventre, ajoutez tout le long du creux de l'enfourchure en lui donnant un peu plus de pointe.

Culotte courte.

Fig. 131.

Pour les mesures, vous prenez les longueurs de côté et d'entre-jambes seulement jusqu'au jarret; vous prenez aussi la grosseur du jarret : les autres mesures sont les mêmes que pour le pantalon.

Pour le tracé, marquez d'abord les longueurs de côté et d'entre-jambes, procédez dans le haut comme pour le pantalon; ensuite pour le genou, à partir de la ligne d'aplomb, marquez 7 centimètres sur le côté et 10 à l'entre-jambes, ressortez pour le derrière 2 centimètres de chaque côté; en traçant donnez du rond au bas du devant et creusez le bas du derrière; après avoir tracé, appliquez la mesure de grosseur du genou, s'il se trouve trop étroit ou trop large, ajoutez ou supprimez un peu de chaque côté pour ne pas déranger l'aplomb; en confectionnant la culotte, tendez le creux du derrière pour qu'il prenne bien le jarret, et serrez le rond du devant au moyen de la jarretière; pour emboîter le genou vous coupez la jarretière d'après la mesure de grosseur du jarret.

Au pantalon pour monter à cheval, *fig.* 132, vous ajoutez sur le côté dans le haut, et vous ôtez sur le devant pour faciliter l'écart des jambes.

Pantalon à pieds et à plis.

Fig. 133.

La manière de prendre mesure pour le pied est représentée à la page 17; les mesures doivent être prises au pied sans chaussure; la mesure de grosseur du coude-pied qui passe sur le talon sert de base pour les proportions du bas : elle doit être bien prise au creux du coude-pied; les autres mesures qu'on doit prendre sont les mêmes que pour le pantalon ordinaire.

Pour le tracé, marquez les longueurs de côté et d'entre-jambes, procédez dans le haut comme pour le pantalon ordinaire, ajoutez au devant sur le côté pour les plis, et marquez dans le bas un demi-centimètre de moins que la moitié de la mesure de grosseur du coude-pied, soit 7 centimètres pour former le creux du devant.

La semelle *fig.* 134 se coupe d'après la mesure de longueur de pied; pour le dessus du pied *fig.* 135, vous marquez la moitié du creux du bas du devant, soit 10 centimètres, et vous réglez la longueur et la largeur au moyen des mesures de longueur et de grosseur du pied, de manière qu'il s'accorde bien avec la semelle.

Guêtre.

Fig. 136.

La manière de prendre mesure est représentée à la page 16; la mesure de grosseur du coude-pied qui passe sur le talon et sur laquelle on se base pour les proportions, doit être bien prise au creux du coude-pied, et avec précaution.

Pour le tracé, commencez d'abord par tracer un angle droit, et marquez un centimètre de moins que la mesure de grosseur du coude-pied, soit 17 centimètres, menez une parallèle, marquez des deux côtés la moitié de la mesure du coude-pied 9, tracez une ligne d'un point à l'autre, et rentrez 2 centimètres pour former le talon, rentrez 1 centimètre au-dessus du coude-pied et ressortez 2 pour le rond du bas; après avoir tracé, appliquez la mesure de grosseur de la jambe; pour la guêtre longue vous appliquez aussi les mesures de grosseur du mollet et du jarret, ainsi que la hauteur du jarret et du mollet; la guêtre peut être boutonnée sur le devant ou sur le côté, voyez *fig.* 137, 138 et 139, vous obtenez également la guêtre avec une pièce rapportée sur le devant *fig.* 140 et 141, ainsi que la guêtre avec l'avant-pied rapporté *fig.* 142 et 143, toujours par le même principe.

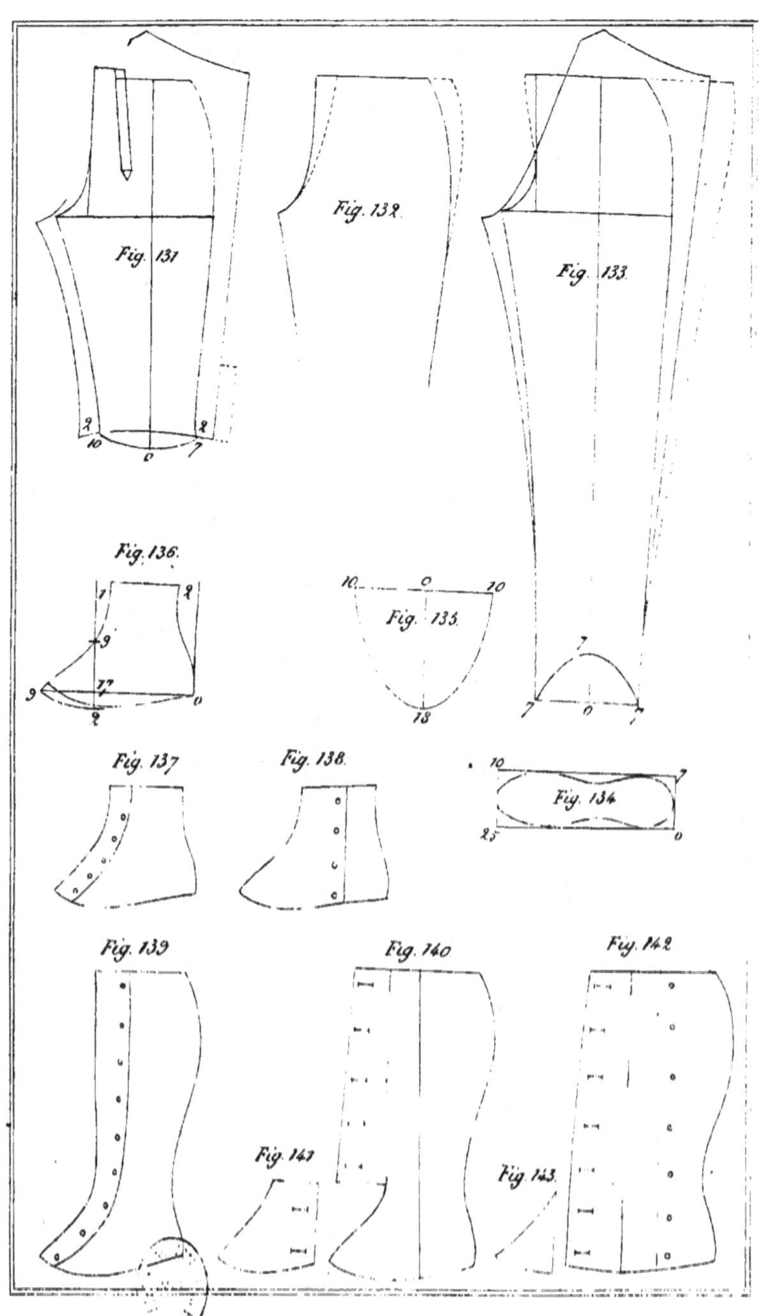

Fig. 131

Fig. 132.

Fig. 133.

Fig. 136.

Fig. 135.

Fig. 137

Fig. 138.

Fig. 134

Fig. 139

Fig. 140

Fig. 142

Fig. 141

Fig. 143.

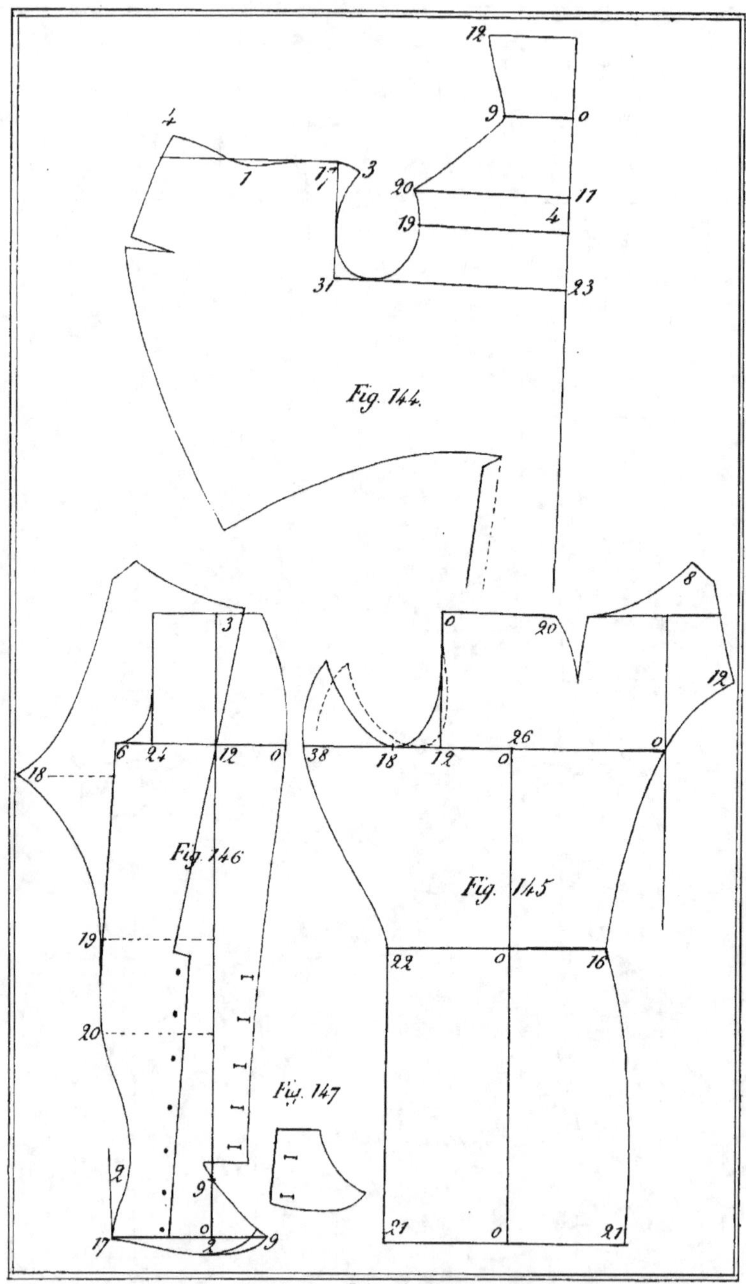
12
9
0
4
1
17
3
20
11
19
4
31
23
Fig. 144.
3
8
0
20
12
6 24 12 0 38 18 12 0 26 0
18
Fig. 146
Fig. 145
19
22 0 16
20
Fig. 147
2
9
21 0 21
17 0 9

Corsage de Redingote

TOUT D'UNE SEULE PIÈCE, COMPRIS LE COLLET ET BASQUE DU DOS.

Fig. 144.

Supposons que vous vouliez couper d'après une mesure de grosseur (de poitrine) quelconque, la grosseur moyenne de 48 centimètres, par exemple.

Commencez par marquer au bord du pli du drap la largeur que vous voulez donner au collet; à partir de ce point mettez pour le montant du dos, un centimètre de moins que le quart de la mesure de grosseur 11 centimètres, mettez pour le bas de l'emmanchure un centimètre de moins que la moitié de la mesure de grosseur 23, et menez des parallèles, marquez pour le haut du dos le quart de la mesure de grosseur 12, et le huitième et demi 9, mettez pour l'écarrure 2 centimètres de plus que le quart et demi de la mesure de grosseur 20, et pour l'avancement de l'emmanchure un centimètre de moins que les deux tiers de la mesure de grosseur 31 ; à partir de ce point mettez pour la hauteur de l'épaulette un centimètre de moins que le quart et demi de la mesure de grosseur 17, après avoir tracé le dos et l'emmanchure, réglez l'épaulette et le collet au moyen du dos, appliquez ensuite les mesures de longueur de taille, du buste, du petit côté et du devant, ainsi que les grosseurs de poitrine et de ceinture. En confectionnant le vêtement tendez le creux du dos et de l'épaulette ; en garnissant sous le bras faites monter la ouate du côté du dos en mourant jusqu'à la couture d'épaulette ; l'emmanchure doit toujours être primitivement petite, on l'agrandit ensuite s'il le faut après l'essayage. Pour la jupe, vous coupez une jupe ordinaire.

Pantalon à une couture

DESCENDANT LE LONG DU DERRIÈRE DE LA CUISSE, PASSANT AU MILIEU DU JARRET ET DU TALON.

Fig. 145.

Supposons que vous vouliez couper d'après une mesure de grosseur (du bassin) quelconque, la grosseur moyenne de 48 centimètres par exemple.

Marquez les longueurs de côté, d'entre-jambes et la hauteur du genou; élevez une perpendiculaire et marquez pour la ligne d'aplomb 2 centimètres de plus que la moitié de la mesure de grosseur du bassin 26 centimètres ; à partir de ce point marquez le quart de la mesure de grosseur 12, marquez le quart et demi 18, marquez les trois quarts plus 2 centimètres 38 ; après avoir tracé, réglez la largeur au genou avec la mesure. En confectionnant le pantalon, tendez le creux au jarret et rentrez le bas du devant à la ligne d'aplomb : ce pantalon doit toujours se faire collant ou du moins très étroit.

Pantalon à guêtres.

Fig. 146.

Marquez d'abord les longueurs de côté, d'entre-jambes et la hauteur du genou; ensuite la moitié de la mesure de grosseur du bassin, soit 24 centimètres, partagez par le milieu 12, ajoutez pour l'enfourchure le quart de 24 qui fait 6; à partir de ce point, ressortez pour l'enfourchure du derrière le quart et demi de la mesure du bassin 18.

Pour le bas, à partir de la ligne d'aplomb, marquez un centimètre de moins que la mesure de grosseur du coude-pied, soit 17 centimètres; marquez la moitié de la mesure 9, rentrez 2 centimètres pour former le talon, marquez la grosseur du genou 19 et celle du mollet 20.

La pièce *fig.* 147 doit être attachée vers la hauteur du coude-pied pour former un côté du devant de la guêtre.

Des Retouches.

Les retouches ne viennent pas toujours de la faute du coupeur, malgré toute l'attention possible, la coupe se trouve toujours un peu dérangée par le travail et surtout par l'élasticité des étoffes, ainsi il arrive quelquefois que l'on essaie des vêtements à peine commencés qui vont très bien, on les essaie une seconde fois étant plus avancés et on est obligé de les retoucher. L'élasticité du drap est un mal sans remède dont le tailleur se trouve forcé de subir les conséquences.

Pour l'habit, les grandes retouches proviennent toujours de l'épaulette trop droite ou trop renversée, et de l'emmanchure trop haute ou trop basse.

Quand l'emmanchure est trop basse, elle bride sur l'épaule et fait flotter le derrière de l'encolure, ce qui occasionne que le vêtement descend par devant, le bas se porte en arrière et ne touche pas à la taille ; pour y remédier, vous ôtez dans le haut de l'épaulette et vous faites ainsi revenir le devant à sa place.

Quand l'emmanchure est trop haute, elle bride en faisant des plis sous le bras, et en entraînant l'encolure ; pour y remédier vous baissez la pointe de l'épaulette et vous évidez le bas de l'emmanchure en ayant soin de laisser assez de hauteur au côté pour que le dos n'enlève pas.

Quand l'épaulette est trop renversée, l'encolure flotte autour du cou et fait produire un très mauvais effet au devant de la poitrine. Pour y remédier vous ajoutez à l'épaulette du côté de l'encolure et vous ôtez du côté de l'emmanchure. S'il n'y a pas les ressources nécessaires pour faire cette opération, vous pratiquez des forts suçons à la poitrine et à l'encolure.

Enfin, quand l'épaulette est trop droite, l'encolure bride autour du cou et il se forme des plis au devant de l'emmanchure. Pour y remédier, vous ôtez à l'épaulette du côté de l'encolure et vous ajoutez du côté de l'emmanchure. S'il n'y a pas les ressources nécessaires, vous tendez fortement l'encolure et vous évidez un peu le devant de l'emmanchure.

Pour le gilet, il arrive très souvent qu'il flotte sur la poitrine et bride sur le ventre, ce qui fait qu'il remonte toujours. Pour y remédier, quand le gilet est fait et que vous ne pouvez pas ôter sur le devant, vous rétrécissez l'épaulette et la poitrine du côté de l'emmanchure, vous raccourcissez aussi l'épaulette, le collet, et vous reculez les boutons du haut.

Quelquefois aussi le gilet bride sur la poitrine et flotte sur le ventre, ce qui lui ôte toute la grâce ; pour y remédier vous rétrécissez l'épaulette du côté de l'encolure, vous allongez le collet et vous reculez les boutons du bas.

Pour le pantalon, il arrive assez souvent, surtout aux personnes qui ont le derrière saillant et les côtés plats, qu'il bride sur les fesses et flotte sur le côté, mais d'une manière forcée, de sorte qu'il se forme au derrière de la cuisse des plis en biais très disgracieux ; pour y remédier, vous ôtez au derrière à la cambrure et vous ajoutez du renversement. Souvent aussi le pantalon flotte sur les fesses et bride sur les côtés, surtout aux personnes qui ont les côtés saillants et le derrière plat ; pour y remédier vous ajoutez au derrière, à la cambrure, et vous ôtez du renversement pour qu'il se trouve du rond en descendant sur le côté.

Quand le devant du pantalon bride à l'enfourchure du côté où les testicules se trouvent portés, et fait des plis du côté opposé, c'est que le premier côté est trop creusé et le dernier ne l'est pas assez ; plus les testicules sont forts, plus l'enfourchure de ce côté doit être droite, et plus le côté opposé doit être creusé.

MODÈLES DE LETTRES

A L'USAGE DU COMMERCE DE TAILLEUR

Par J. CHAMBON.

INSTRUCTIONS PRÉALABLES.

Tout le monde peut facilement écrire des lettres de famille, mais quand il s'agit de lettres de commerce, beaucoup de personnes se trouvent embarrassées.

C'est surtout dans les lettres de commerce et d'affaires que la clarté est indispensable, et cependant elles doivent être brèves : les phrases oiseuses sont inutiles et ridicules partout ; là elles sont en outre dangereuses, car elles annoncent peu de rectitude de jugement dans celui qui les écrit, et quelle confiance peut-on avoir en un commerçant qui n'a pas une perception nette et facile des choses

Je me suis attaché à donner ici des formules pour différents sujets, on ne devra point supposer que ces modèles de lettres soient définitifs, chacun devra y faire les changements que le bon sens indiquera, et approprier la forme aux circonstances.

Lettre à un fabricant pour entrer en relations.

Paris, le

Monsieur,

Je ne sais si ma maison a l'honneur d'etre connue de vous, mais il ne tiendra qu'à vous qu'elle soit bientôt en bonne et fructueuse relations avec la vôtre : les draps que vous fabriquez me sont connus et me conviennent. Veuillez donc, je vous prie, m'en faire connaître les prix et m'instruire des conditions de paiement ; je les attends, afin de prendre une décision immédiate.

Agréez mes salutations empressées,

HENRI, tailleur, rue

Lettre à un fabricant qui vous a fait des offres de services.

Paris, le

Monsieur,

Je vous remercie de la bonne opinion que vous avez de ma maison, et j'espère la justifier complètement. Veuillez m'adresser vos échantillons et donner ordre à celui de vos voyageurs qui viendra le premier à Paris de me faire visite.

J'ai l'habitude de régler à trois mois de date, vous voudrez bien me dire si ce mode de paiement pourrait vous convenir.

Agréez, Monsieur, avec mes salutations, l'assurance de ma parfaite considération, HENRI.

Autre lettre à un marchand ou fabricant.

Paris, le

Monsieur,

Je me mets sous les yeux le détail de plusieurs articles en nouveautés pour pantalons qui pourraient être à ma convenance si vous m'offriez quelques avantages. Veuillez donc, je vous prie, me donner quelques aperçus de vos prix.

J'ai l'habitude de payer comptant avec escompte; vous voudrez bien me dire si ce mode de paiement vous convient.

J'attends votre réponse, et j'ai l'honneur d'être, avec considération,
Monsieur,
Votre très humble et obéissant serviteur,

HENRI, tailleur, rue

Autre lettre.

Paris, le

Monsieur,

Vous avez des articles en draperie et nouveauté qui seraient à ma convenance si vous m'offriez quelques avantages en étant raisonnable dans vos prix. Veuillez, je vous prie, m'informer des facilités de paiement que vous êtes dans l'usage d'accorder : je fais des affaires avec telle, telle maison, avec ma signature à trois mois; mon crédit n'a jamais langui, et jusqu'à ce jour j'ai satisfait avec honneur et exactitude à tous mes engagements, ce que les renseignements que vous pourrez prendre vous confirmeront.

J'attends votre réponse et j'ai l'honneur d'être, etc.

Lettre pour demander ouverture de crédit.

Paris, le

Monsieur,

Peut-être ma maison n'a-t-elle pas l'honneur d'être connue de vous, mais il vous sera facile de vous renseigner et de savoir promptement à quoi vous en tenir sur ma solvabilité. Ces préliminaires terminés, je vous serai obligé de me faire savoir s'il vous convient de m'ouvrir un crédit de.......... (indiquer la somme).

L'emploi assez considérable que je fais de vos articles est à prendre en considération. Veuillez donc m'honorer d'une prompte réponse, laquelle sera immédiatement suivie d'une première demande.

Agréez, Monsieur, avec mes salutations, l'assurance de ma parfaite considération, HENRI.

Lettre pour donner ordre de vous expédier des marchandises.

Paris, le

Monsieur,

Veuillez, je vous prie, au reçu de la présente, m'envoyer les marchandises dont le détail suit (désigner ici les articles et les quantités).

Je compte sur votre exactitude, vous ne sauriez me donner trop promptement avis de cette expédition dès qu'elle sera faite; vous pourrez tirer sur moi au terme ordinaire.

Agréez mes salutations empressées, HENRI.

Lettre pour faire des offres de services.

Paris, le

Monsieur,

Je viens vous faire des offres de services que je serais heureux de vous voir accepter.

Je fournis des habits, redingotes, paletots, manteaux, habillements de tous genres, ce qu'il y a de mieux, à des prix modérés. J'ai toujours un assortiment de draps de toutes nuances et de première qualité, sortant de nos meilleures fabriques. J'ai également pour gilets et pantalons un grand choix d'articles de nouveauté, tout ce qu'il y a de beau et de plus à la mode. Par les soins que j'ai l'habitude de porter à mon ouvrage, la finesse du travail, la solidité et l'élégance ne laissent rien à désirer.

J'attendrai donc vos ordres, Monsieur, et s'il vous plaisait de m'en donner, je mettrai toute la diligence possible à vous satisfaire.

Agréez, je vous prie, les salutations empressées de votre tout dévoué serviteur,

HENRI, tailleur, rue

Observations. — Cette formule convient principalement aux tailleurs qui se trouvent dans des endroits où les clients sont éloignés aux alentours, et qui, pour éviter des pertes de temps trop considérables, veulent faire des offres de services par le moyen de lettres ou prospectus imprimés.

Lettre pour une expédition.

Paris, le

Monsieur,

Conformément à vos ordres, je vous envoie aujourd'hui votre habit et votre redingote. Les soins que j'ai apportés à remplir exactement votre demande et à suivre strictement vos observations, en faisant tout mon possible pour vous satisfaire, me font espérer que vous me conserverez votre confiance, laquelle je m'efforcerai toujours de mériter.

Agréez, je vous prie, les salutations empressées de votre très humble et obéissant serviteur,   HENRI.

Lettre pour une expédition en retard.

Paris, le

Monsieur,

Sans des circonstances indépendantes de ma volonté, je vous aurais envoyé votre habit et votre redingote plus vîte ; aussi je vous prie d'excuser ce retard.

Aujourd'hui, Monsieur, je vous les envoie avec la présente, et je suis convaincu que vous serez satisfait, car je les ai soignés au mieux qu'il m'a été possible.

Je suis avec respect, Monsieur, votre dévoué serviteur.

HENRI.

Lettre à un Client à qui on a manqué de parole.

Paris, le

Monsieur,

Je vous prie de vouloir bien m'excuser si je n'ai pas rempli la promesse que je vous avais faite de vous donner votre habit et votre redingote plus vite, mais il m'est survenu de fortes commandes pour des personnes qui partaient en voyage et des habillements de noces, de sorte que je me suis trouvé forcé de retarder un peu les vôtres.

Soyez assuré, Monsieur, que, sans des circonstances majeures et indépendantes de ma volonté, j'aurais rempli la promesse que je vous avais faite.

Excusez-moi donc, je vous prie, et croyez que je vais m'empresser de vous satisfaire.

Je suis avec respect votre dévoué serviteur,

HENRI.

Lettre de refus.

Paris, le

Monsieur,

Je suis désolé de ne pouvoir satisfaire au désir que vous avez eu la bonté de me faire connaître de vous faire un habit et une redingote, mais il m'est tout à fait impossible de travailler pour vous dans ce moment, car je suis tellement comblé d'ouvrage que je ne puis disposer d'un seul instant.

Agréez, avec le regret que j'ai de ne pouvoir répondre à votre bienveillance, mes salutations empressées,

HENRI.

Lettre à un Client pour lui demander de l'argent.

Paris, le

Monsieur,

Je vous avoue que dans ce moment j'ai un grand besoin d'argent pour faire face aux exigences de mon commerce, ce n'est que l'argent à la main qu'aujourd'hui on peut faire des affaires et servir les cliens consciencieusement.

C'est pourquoi je viens vous prier de vouloir bien me remettre le montant de ce que vous me devez ; en le faisant, vous me rendrez un véritable service dont je vous serai très-reconnaissant.

Dans l'espoir que vous accueillerez favorablement ma demande, je suis avec respect,

Monsieur,

Votre dévoué serviteur,

HENRI.

Lettre à un Client pour le presser de payer.

Paris, le

Monsieur,

Dois-je donc avoir à me repentir de la complaisance que j'ai eue d'attendre patiemment jusqu'ici que vous vous acquittiez envers moi. J'espérais que vous vous montreriez sensible à mes bons procédés en vous efforçant de me satisfaire, et je ne vois rien venir.

Je serais vraiment désolé d'avoir recours aux voies de rigueur pour terminer cette affaire, et je crois vous avoir témoigné tout le désir que j'ai de ne rien faire qui vous soit désagréable ; mais je vous en prie, répondez à mon obligeance, en vous efforçant de vous acquitter le plus promptement possible.

J'ai beaucoup de confiance en vous, Monsieur ; faites en sorte que cette confiance me reste, et nous y gagnerons tous deux.

Agréez mes civilités empressées.

HENRI, tailleur, rue

Lettre aux parents d'un client, pour se faire payer.

Paris, le

Monsieur (ou Madame),

Je viens porter à votre connaissance que j'ai fait des habillements a monsieur votre fils pour la somme de cent vingt francs. Il s'était engagé à me payer, mais jusqu'aujourd'hui il n'a pas réalisé ses promesses, et malgré mes nombreuses demandes, il ne me paye pas. Cependant, dans la position des affaires, cet argent me serait tout-à-fait nécessaire, car le commerce ne se fait qu'au comptant. C'est pourquoi je viens m'adresser à vous, bien persuadé que vous ne voudrez pas que je sois privé plus longtemps des avances que j'ai faites. D'ailleurs, j'en ai absolument besoin, et je suis convaincu que vous ne voudrez pas que cette petite somme, résultat d'une dette sacrée et de confiance, reste plus longtemps sans être payée.

Dans l'espoir que vous me ferez passer cette somme dans le plus bref délai,

J'ai l'honneur d'être avec le plus profond respect, Monsieur (ou Madame) votre dévoué serviteur.

HENRI, tailleur, rue

Lettre à un directeur, pour une retenue sur les appointements d'un de ses employés.

A Monsieur le Directeur de

Monsieur le Directeur.

Je vous prie de vouloir bien m'excuser de la liberté que je prends de vous écrire, mais la mauvaise volonté de M. Victor, employé dans votre administration, m'y force. Veuillez donc, je vous en supplie, Monsieur le Directeur, me prêter l'appui de votre intervention afin que je sois payé de la somme de 120 francs qui m'est due par M. Victor, et qu'il refuse de me payer malgré mes nombreuses demandes. Cette dette de confiance est sacrée ; aussi j'ose espérer que vous voudrez bien ordonner qu'une retenue mensuelle soit faite sur ses appointements jusqu'à parfait paiement de 120 francs qui me sont légitimement dus, puisqu'il s'agit de fournitures de travaux et d'avances.

Comptant sur votre bienveillance, j'ai l'honneur d'être avec le plus profond respect,

Monsieur le Directeur,

Votre très humble et très obéissant serviteur,

HENRI, tailleur, rue

Paris, le

Lettre d'avis pour une traite.

Paris, le

Monsieur,

J'ai l'honneur de vous prévenir que je fais aujourd'hui même traite sur vous pour la somme de . . . . . payable le . . . . .

Vous verrez qu'en cela je me conforme à nos conventions, et je suis bien convaincu que vous accueillerez favorablement ma signature.

Agréez mes salutations empressées,

HENRI.

Lettre pour réclamer une somme prêtée.

Paris, le

Monsieur et ami,

Soyez bien persuadé que ma délicatesse souffre infiniment de réclamer de vous la somme de . . . . . . que j'ai eu l'avantage de vous prêter il y a quelques mois; mais me trouvant un peu gêné dans ce moment-ci, je suis forcé de vous causer cette importunité. Gardez-vous cependant de prendre en mauvaise part la démarche que la nécessité m'oblige de faire aujourd'hui vis-à-vis de vous, et même si vous vous trouviez dans l'impossibilité de me satisfaire, prenez encore votre temps, mais seulement ayez la bonté de me fixer une époque de payement sur laquelle je puisse compter, pour que je me trouve en état de faire honneur moi-même à quelques créances.

Je me plais à croire que rien ici n'altérera l'agrément de nos liaisons, et vous prie d'agréer les nouvelles assurances du dévoûment avec lequel j'ai l'honneur d'être,

Monsieur et ami,

Votre très-affectionné serviteur,

HENRI.

Lettre à un Créancier pour l'engager à prendre patience.

Paris, le

Monsieur,

Je suis plus désolé que vous ne pourriez l'imaginer de n'avoir pas pu m'acquitter envers vous à l'époque fixée; mais je vous prie de me rendre la justice de croire qu'en manquant à l'engagement pris, je n'ai fait que céder à l'impossibilité absolue. Ce n'est, au reste, qu'une question de temps, car non-seulement j'ai la ferme volonté de vous payer, mais je suis en outre certain de pouvoir le faire (*dire le délai dont on a besoin*).

Veuillez donc, je vous en prie, attendre jusqu'à cette époque, et soyez persuadé que vous n'avez absolument aucun risque à courir avec moi, En agissant ainsi, Monsieur, vous acquerrerez des droits à ma vive reconnaissance.

Agréez, je vous prie, Monsieur, mes très-humbles civilités.

HENRI.

Lettre pour demander des renseignements.

Paris, le

Monsieur,

N'ayant que des renseignements incomplets sur M. Victor, avec lequel je suis sur le point d'entrer en relations, je vous serais obligé de me faire savoir confidentiellement ce que vous en pensez ; ce sera me rendre un véritable service. Je me mets entièrement à votre disposition pour les cas où vous auriez besoin de renseignements sur les personnes qui me sont connues. Vous pouvez être assuré qu'en cela comme en toute autre chose, je n'agirai qu'avec prudence et entière loyauté.

Agréez, je vous prie, avec mes salutations, l'assurance de mon sincère dévouement.

HENRI.

Lettre au Maire d'une commune, pour des renseignements.

Paris, le

Monsieur le Maire,

Etant sur le point de conclure avec M. Victor, un de vos administrés, une affaire importante, et n'ayant pu recueillir sur la moralité de ce monsieur que des renseignements très incomplets, je prends la respectueuse liberté de m'adresser à vous, Monsieur le Maire, pour vous prier de me faire savoir quelle est, au juste, la position morale et matérielle de ce monsieur.

Il ne s'agit pas ici, Monsieur le Maire, d'investigations malséantes, mais de choses positives et qui peuvent toujours être avouées ; enfin les renseignements que je sollicite n'ont rien qui puisse nuire aux honnêtes gens. En consentant à me les donner, vous ne ferez que protéger les gens de bien dont vous êtes le protecteur naturel.

Recevez, s'il vous plaît, Monsieur le Maire, avec mes salutations, l'expression de mon profond respect.

HENRI.

Lettre pour recueillir des renseignements sur un commis.

Paris, le

Monsieur,

J'ai l'honneur de vous informer que je suis sur le point de recevoir chez moi, en qualité de commis, M. Victor, jeune homme d'un extérieur fort avantageux et qui me paraît confirmer tout le bien qu'on m'a déjà dit de sa personne. Cependant, comme il a été quelque temps dans votre maison, vous êtes, plus que tout autre, à même de me donner des informations précises sur son compte. Veuillez donc prendre la peine de me faire sur ce point une réponse qui va diriger ma conduite.

J'ai l'honneur d'être votre très humble serviteur.

HENRI.

Lettre pour annoncer un changement de domicile.

Paris, le

Monsieur,

J'ai l'honneur de vous prévenir que je viens de transférer mon établissement (ou magasin) de la rue Neuve-des-Petits-Champs, n° . . . . . , à la rue de Rivoli, n° . . . . . , près du Louvre.

Je profite de cette circonstance, Monsieur, pour me rappeler à votre souvenir, espérant que vous voudrez bien me continuer la confiance dont vous m'avez honoré jusqu'à ce jour.

Soyez assuré d'avance que tous mes efforts tendront à la mériter de plus en plus.

Dans l'attente des ordres dont il vous plaira m'honorer, agréez les salutations empressées de votre tout dévoué serviteur,

HENRI.

Lettre pour prier un tiers de se charger d'une Commission.

Paris, le

Monsieur,

Veuillez bien pardonner la liberté que je prends en vous priant de passer chez M. . . . . . . , rue . . . . . Mais vous qui êtes sur les lieux, il vous sera bien plus facile de terminer en deux mots ce que je ne parviendrais peut-être pas à obtenir avec plusieurs lettres; vous l'inviterez à vous remettre . . . . .

Pardonnez, Monsieur, à mes importunités, et mettez-moi à même de vous témoigner une sincère reconnaissance de ce service par tous les bons offices qu'il me serait possible de vous rendre.

Ce sont les sentiments de dévoûment et d'estime que vous m'avez inspirés et avec lesquels j'ai l'honneur d'être,

Monsieur,

Votre très-humble et très-obéissant serviteur,

HENRI.

Lettre de recommandation.

Paris, le

Monsieur,

Votre extrême bienveillance m'étant parfaitement connue, j'espère que vous me pardonnerez la liberté que je prends de vous recommander Monsieur Victor, porteur de la présente, que j'ai l'honneur de connaître particulièrement et pour lequel j'ai beaucoup d'estime. Je ne doute pas que vous partagiez mes sentiments à son égard et que vous ne lui rendiez avec plaisir tous les services qu'il pourra réclamer de votre obligeance. Recevez-en à l'avance mes sincères remercîments, et croyez que je saisirai avec empressement l'occasion de reconnaître vos bons procédés.

Je souhaite ardemment que vous puissiez me mettre à l'épreuve sur ce point, et je vous prie d'agréer, avec mes salutations, l'assurance de mon sincère dévoûment.

HENRI.

Lettre de remerciement.

Paris, le

Monsieur,

J'ai l'honneur de vous prier d'agréer mes vifs et respectueux remercie-
ments pour la bonté que vous avez eue d'appuyer mes sollicitations pour
           Soyez bien persuadé que j'en conserverai une éternelle
reconnaissance, et que je ne me dissimule pas que si j'ai obtenu
c'est à la faveur de votre médiation que j'en suis redevable.

J'ai l'honneur de vous renouveler les expressions de gratitude et de respect avec lesquels je suis

Votre très humble et très obéissant serviteur.

HENRI.

Lettre de remerciement pour un service rendu.

Paris, le

Monsieur (ou Madame),

Permettez que je vous témoigne toute ma reconnaissance pour le service
que vous m'avez rendu. Ce que vous avez fait pour moi et la manière dont
vous l'avez fait sont de ces choses qu'on n'oublie jamais, à moins qu'on
ne soit un monstre d'ingratitude ; c'est vous dire que j'en garderai éter-
nellement le souvenir.'

Je souhaite ardemment avoir bientôt l'occasion de vous prouver autrement que par des phrases combien je vous suis dévoué. Permettez-moi de
croire, eu attendant, que vous ne doutez pas de mes sentiments, qui sont
et ne cesseront jamais d'être pour vous ceux d'un cœur dévoué et re-
connaissant.

HENRI.

Lettre pour prier un ami de vous faire quelque prêt d'argent.

Paris, le

Mon cher ami,

Je me trouve en ce moment un peu gêné, et je croirais blesser ton atta-
chement pour moi en m'adressant à d'autres pour le service que je désire
obtenir de ta complaisance. Fais-moi donc le plaisir de me prêter la
somme de   que je m'empresserai de te remettre dans le plus
court délai possible. Tu obligeras infiniment ton meilleur ami,

HENRI.

Billet d'invitation.

Si M. Victor peut m'accorder un moment d'entretien demain matin, à
onze heures, il obligera beaucoup M. Henri, qui l'attendra et lui expli-
quera quel est le motif de son invitation.

Lettres de change, Billets à ordre, Promesses, Sous Seings privés.

INSTRUCTIONS. — On use de trois manières pour styler les lettres de change :

La première à vue, ce qui signifie qu'elle est payable à sa première présentation , sans qu'il soit besoin de la faire préalablement accepter.

La deuxième , à cinq jours, dix jours ou quinze jours de vue, autrement dit, que la lettre de change n'a droit d'être acquittée que cinq jours, dix jours ou quinze jours après celui de sa présentation ou de son acceptation, jour qui n'est point compté.

La troisième, à une époque fixée comme pour les billets.

L'expression ordre que l'on met dans les lettres, billets, est employée pour pouvoir les faire passer d'une main à l'autre sans qu'il soit nécessaire d'avoir recours à tout autre mode de transfert.

Celui qui met son ordre ou son nom au dos d'un billet ou d'une lettre de change, se rend par sa seule signature responsable du montant de la somme énoncée au corps de l'effet. Cependant, si ce même effet, qui portera quelquefois plusieurs ordres, n'est pas payé exactement à son échéance, le protêt une fois fait chez l'huissier dans le délai prescrit par la loi , la personne au bénéfice de laquelle il est passé, pour les poursuites parmi les endosseurs, tirera sur celui qui lui paraîtra le plus solvable.

Lettre de change

A VUE.

Paris, le

Bon pour 1,000 fr.

A vue il vous plaira payer par cette seule lettre de change à l'ordre de M. Victor, la somme de mille francs, valeur reçue comptant, que vous passerez en compte de votre serviteur,

HENRI.

A M. Clément , négociant à Bordeaux , rue

Observations. --- Quand une semblable lettre de change n'est pas exactement acquittée à sa seule et première présentation, on la donne aussitôt à l'huissier qui fait protêt, et ce n'est pas sans motif qu'on met quelquefois : par cette première lettre de change, afin que, si l'on n'y a pas fait honneur, on mette dans une nouvelle : par cette seconde lettre de change, ma première n'étant pas payée.

Lettre de change

A PLUSIEURS JOURS DE VUE.

Paris, le

Bon pour 450 fr.

A quinze jours de vue, il vous plaira payer par cette première de change à l'ordre de M. Victor, la somme de quatre cent cinquante francs, valeur reçue en marchandises, que vous passerez en compte de votre serviteur,

HENRI.

A M. Clément, négociant à Bordeaux, rue

Observation. --- Une telle lettre de change est présentée au tiré qui doit écrire sur la lettre de change même : vu, bon à payer dans quinze jours , dater et signer.

Lettre de change

A ÉPOQUE FIXÉE.

Paris, le

Bon pour 800 fr.

Fin juillet prochain , il vous plaira payer par cette première de change, à l'ordre de M. Victor, la somme de huit cents francs, valeur reçue de lui, que vous passerez en compte suivant l'avis de votre serviteur,

HENRI.

A M. Clément, etc.

Observations. --- Il est nécessaire de donner avis d'une lettre de change à la personne sur laquelle on tire et qui doit l'accepter ; cela est d'une nécessité plus rigoureuse encore si l'on tire à vue.

Quand on veut négocier une lettre de change ou un billet à ordre, on doit l'endosser, c'est-à-dire qu'on doit écrire sur le dos de la lettre ou du billet : *Passé à l'ordre de M.*   dater et signer.

Billet à ordre.

Au 31 mai prochain je paierai, à l'ordre de M. Victor, la somme de trois cents francs, valeur reçue en marchandises.

Paris, ce 15 janvier 18

HENRI,
tailleur, rue

Bon pour 300 fr.

Billet ou simple Promesse.

Je, soussigné, reconnais devoir et promets payer le 15 juillet prochain à M. Victor la somme de cent cinquante francs qu'il m'a prêtée en mon besoin.

Paris, le 5 mars 18

HENRI.

Bon pour 150 fr.

Promesse solidaire.

Nous, soussignés, promettons payer solidairement, le 31 mai prochain, à M. Victor la somme de quatre cents francs qu'il nous a prêtée pour les besoins de notre commerce.

Paris, le

HENRI-PROSPER.

Bon pour 400 fr.

Promesse par laquelle une femme s'oblige avec son mari.

Je, soussigné, Henri, tailleur, demeurant à Paris, rue . . . . . et Louise Duval, mon épouse, que j'autorise à cet effet, promettons payer solidairement, le 20 juillet 18   , à M. Victor, bijoutier à Versailles, la somme de mille francs qu'il nous a prêtée cejourd'hui pour les besoins de notre commerce.

Paris, le

HENRI.
Femme HENRI.

Bon pour 1,000 fr.

Reconnaissance d'argent prêté.

Je, soussigné, reconnais avoir reçu de M. Victor, à titre de prêt, la somme de dix-huit cents francs que je m'engage à lui rendre le
Je m'engage à payer à M. Victor les intérêts de ladite somme, par année, à raison de   pour cent.

HENRI.

Paris, le 15 février 18

Quittance d'intérêt d'argent.

Je, soussigné, reconnais avoir reçu de M. Henri la somme de cent douze francs pour les intérêts d'une année échue aujourd'hui, d'une somme de dix-huit cents francs que je lui ai prêtée pour six années, au denier cinq, sans retenue, suivant son obligation du 15 février 18

VICTOR.

Paris, le

Quittance d'argent prêté.

Je, soussigné, reconnais avoir reçu de M. Henri la somme de dix-huit cents francs que je lui avais prêtée, suivant la promesse du 15 février 18   que j'ai remise entre ses mains.

VICTOR.

Paris, ce

Acte de vente sous seing privé.

Entre les soussignés :

M. Henri, tailleur, demeurant à   , d'une part,
Et M. Victor, demeurant à   , d'autre part,

A été convenu et arrêté ce qui suit :

M. Henri, par le présent, vend et cède à M. Victor, acceptant et se rendant acquéreur (*Dire ici en quoi consiste la vente, avec tous les détails et les observations nécessaires afin d'éviter toute contestation.*)

Ladite vente est consentie par M. Henri, moyennant la somme de   qui devra être payée comme il suit :

(*Mentionner ici les conditions de paiement.*)

Fait double entre les soussignés pour être exécuté selon sa forme et teneur.

(*Date.*)   (*Signature.*)

Addition, Soustraction, Multiplication.

Les trois règles nécessaires pour le commerce de tailleur.
Démonstration pour les rappeler à ceux qui les auraient oubliées.

Addition ou Modèle de facture.

HENRI, tailleur,

Rue , ... , nº . . . .

Livré à M. Victor :

Un habit drap noir.	100 fr.
Une redingote.	95
Un gilet.	21
Un pantalon satin noir.	35
Un pantalon nouveauté.	32
Total. . . .	283 fr.

DÉMONSTATION.

5 et 1 font 6 et 5 font 11 et 2 font 13, vous posez 3 et vous retenez 1.

9 et 2 font 11 et 3 font 14 et 3 font 17 et 1 que vous avez retenu font 18, vous posez 8 et vous retenez 1.

1 et 1 que vous avez retenu font 2, vous posez 2.

Soustraction.

Supposons que sur la somme de 283 fr. vous ayez reçu un à-compte de 55 fr. et que vous vouliez savoir combien il vous reste dû.

Vous commencez par poser le chiffre de la somme totale, vous placez au-dessous le chiffre de l'à-compte que vous avez reçu et vous opérez.

Exemple :

Somme totale	283 fr.
A-compte reçu.	55
Reste dû.	228

DÉMONSTRATION.

Oter 5 de 3 cela ne se peut, vous prenez une dizaine sur le 8 et vous dites, 10 et 3 font 13, de 13 vous ôtez 5, reste 8, vous posez 8.

Comme vous avez pris une dizaine sur le 8, il ne doit plus compter que pour 7, de 7 vous ôtez 5 reste 2, et vous posez 2.

N'ayant rien à ôter au 2, vous posez 2.

Multiplication.

Supposons que vous vouliez connaître le produit total des façons de plusieurs habits.

Vous commencez par poser le chiffre indiquant le nombre des pièces, vous placez au-dessous le chiffre indiquant le prix des façons, et vous multipliez.

EXEMPLE :

Nombre de pièces	18 fr.
Prix des façons	23
	54
	36
Produit	414

DÉMONSTRATION.

Trois fois 8 font 24, vous posez 4 et vous retenez 2.
Trois fois 1 font 3 et 2 que vous avez retenus font 5, vous posez 5.
Deux fois 8 font 16, vous posez 6 et vous retenez 1.
Deux fois 1 font 2 et 1 que vous avez retenu font 3, vous posez 3.
Ensuite vous additionnez pour obtenir le produit.

DIVISION DU TEMPS.

Le jour se divise en vingt-quatre heures.
L'heure se divise en soixante minutes.
La minute se divise en soixante secondes.

Dans un, an il y a trois cent soixante-cinq jours.
Huit mille sept cent soixante heures.
Cinq cent vingt-cinq mille six cents minutes.
Trente-un millions cinq cent trente-six mille secondes.

Dans mille ans il y a trois cent soixante-cinq mille jours
Huit millions sept cent soixante mille heures.
Cinq cent vingt-cinq millions six cent mille minutes.
Trente-un milliards cinq cent trente-six millions de secondes.

Dans cent mille ans il y aurait trente six millions cinq cent mille jours.
Huit cent soixante-seize millions d'heures.
Cinquante-deux milliards cinq cent soixante millions de minutes.
Trois trillions cent cinquante-trois milliards six cent millions de secondes.

TABLE DE MULTIPLICATION.

2 fois	1	font	2
2 ..	2	...	4
2 ..	3	...	6
2 ..	4	...	8
2 ..	5	...	10
2 ..	6	...	12
2 ..	7	...	14
2 ..	8	...	16
2 ..	9	...	18
2 ..	10	...	20

5 fois	1	font	5
5 ..	2	...	10
5 ..	3	...	15
5 ..	4	...	20
5 ..	5	...	25
5 ..	6	...	30
5 ..	7	...	35
5 ..	8	...	40
5 ..	9	...	45
5 ..	10	...	50

8 fois	1	font	8
8 ..	2	...	16
8 ..	3	...	24
8 ..	4	...	32
8 ..	5	...	40
8 ..	6	...	48
8 ..	7	...	56
8 ..	8	...	64
8 ..	9	...	72
8 ..	10	...	80

3 fois	1	font	3
3 ..	2	...	6
3 ..	3	...	9
3 ..	4	...	12
3 ..	5	...	15
3 ..	6	...	18
3 ..	7	...	21
3 ..	8	...	24
3 ..	9	...	27
3 ..	10	...	30

6 fois	1	font	6
6 ..	2	...	12
6 ..	3	...	18
6 ..	4	...	24
6 ..	5	...	30
6 ..	6	...	36
6 ..	7	...	42
6 ..	8	...	48
6 ..	9	...	54
6 ..	10	...	60

9 fois	1	font	9
9 ..	2	...	18
9 ..	3	...	27
9 ..	4	...	36
9 ..	5	...	45
9 ..	6	...	54
9 ..	7	...	63
9 ..	8	...	72
9 ..	9	...	81
9 ..	10	...	90

4 fois	1	font	4
4 ..	2	...	8
4 ..	3	...	12
4 ..	4	...	16
4 ..	5	...	20
4 ..	6	...	24
4 ..	7	...	28
4 ..	8	...	32
4 ..	9	...	36
4 ..	10	...	40

7 fois	1	font	7
7 ..	2	...	14
7 ..	3	...	21
7 ..	4	...	28
7 ..	5	...	35
7 ..	6	...	42
7 ..	7	...	49
7 ..	8	...	56
7 ..	9	...	63
7 ..	10	...	70

10 fois	1	font	10
10 ..	2	...	20
10 ..	3	...	30
10 ..	4	...	40
10 ..	5	...	50
10 ..	6	...	60
10 ..	7	...	70
10 ..	8	...	80
10 ..	9	...	90
10 ..	10	..	100